Uni-Taschenbücher 409

W0227308

UTB

Eine Arbeitsgemeinschaft der Verlage

Birkhäuser Verlag Basel und Stuttgart
Wilhelm Fink Verlag München
Gustav Fischer Verlag Stuttgart
Francke Verlag München
Paul Haupt Verlag Bern und Stuttgart
Dr. Alfred Hüthig Verlag Heidelberg
J. C. B. Mohr (Paul Siebeck) Tübingen
Quelle & Meyer Heidelberg
Ernst Reinhardt Verlag München und Basel
F. K. Schattauer Verlag Stuttgart-New York
Ferdinand Schöningh Verlag Paderborn
Dr. Dietrich Steinkopff Verlag Darmstadt
Eugen Ulmer Verlag Stuttgart
Vandenhoeck & Ruprecht in Göttingen und Zürich
Verlag Dokumentation Pullach bei München

Erich Härtter

Wahrscheinlichkeitsrechnung für Wirtschafts- und Naturwissenschaftler

39 Figuren

Vandenhoeck & Ruprecht in Göttingen

ERICH HÄRTTER, geb. am 20. Dezember 1928 in Mainz. Nach dem Besuch des humanistischen Gymnasiums 1948–1953 Studium der Mathematik, Physik und Philosophie an der Universität Mainz; 1955 Promotion in Mathematik; 1957 Assessorexamen; 1964 Habilitation in Mathematik; 1968 Prof. für Statistik an der Universität Gießen; 1971 Prof. für Statistik an der Universität Mainz; Lehrtätigkeit in den Fachbereichen Wirtschaftswissenschaften und Mathematik.

ISBN 3-525-03114-9

© 1974 Vandenhoeck & Ruprecht in Göttingen
Printed in Germany
Einbandgestaltung: A. Krugmann, Stuttgart
Druck: Hubert & Co., Göttingen
Bindearbeit: Großbuchbinderei Sigloch, Stuttgart

Vorwort

Wahrscheinlichkeitsrechnung und statistische Methoden finden in zunehmendem Maße Eingang in viele Wissenschaftszweige. Aus den Wirtschafts- und Sozialwissenschaften, den Naturwissenschaften und der Technik sowie der Medizin sind diese Hilfsmittel heute nicht mehr wegzudenken. Das vorliegende Buch — hervorgegangen aus Vorlesungen an den Universitäten Mainz und Gießen — gibt eine elementare Einführung in die Wahrscheinlichkeitsrechnung. „Elementar" soll dabei in dem Sinn verstanden werden, daß keine höheren mathematischen Hilfsmittel (Maßtheorie) benutzt und mathematische Kenntnisse nur in dem Rahmen vorausgesetzt werden, wie sie die Anfängerkurse über Mathematik für Wirtschaftswissenschaftler oder Mathematik für Naturwissenschaftler darbieten. Das Niveau dieses Buches liegt zwischen dem rein mathematischer Darstellungen einerseits und dem zahlreicher recht einfach geschriebener Einführungen andererseits. Die Behandlung des Wahrscheinlichkeitsbegriffs folgt etwa der historischen Entwicklung.

Die Grundlagen der Wahrscheinlichkeitsrechnung sind für die Anwendungen beispielsweise in den Wirtschaftswissenschaften und Naturwissenschaften die gleichen. Daher werden als Zielgruppen im Titel auch Wirtschaftswissenschaftler *und* Naturwissenschaftler genannt.

Wegen des begrenzten Raums mußte manches an Stoff wegbleiben, was für Anwendungen doch von Bedeutung ist. So mußte z.B. auf die Behandlung von Prüfverteilungen (χ^2-Verteilung, t-Verteilung, F-Verteilung) und von stochastischen Prozessen (Markoffschen[1] Ketten) verzichtet werden. Außerdem konnten Beispiele nur in einem beschränkten Maße aufgenommen werden.

Es werden in dem vorliegenden Buch die Resultate manchmal nicht in der allgemeinsten Form dargestellt und hergeleitet, jedoch wird

---

[1] Häufig wir auch Markov oder Markow geschrieben. Wir benutzen für russiche Namen die Schreibweise wie z.B. bei Fisz [4] und Rényi [16]. — Die Nummern verweisen auf das Literaturverzeichnis am Ende des Buches.

nach Möglichkeit auf die Voraussetzungen, unter denen ein Satz gilt, hingewiesen. Neue Begriffe werden oft durch Beispiele oder Spezialfälle vorbereitet. Um eine gewisse Unabhängigkeit bei Herleitungen und Beweisen zu erzielen, wurden dafür manche Wiederholungen in Kauf genommen.

Beweise, verschiedene weiterführende Überlegungen und Beispiele sind in Kleindruck gesetzt; die einzelnen logischen und mathematischen Schlüsse sind jedoch möglichst vollständig ausgeführt. Der Anhang I bringt noch einmal die wichtigsten Tatsachen aus der Mengenlehre, die in dem Buch benutzt werden. Im Anhang II sind – um den übrigen Text nicht zu sehr zu belasten – einige längere und etwas kompliziertere Beweise zusammengefaßt und Hinweise auf allgemeinere Betrachtungen gegeben.

Ein Leitfaden in Form eines Diagramms, der die logische und inhaltliche Abhängigkeit der einzelnen Paragraphen angibt, soll das Eindringen in den Stoff erleichtern.

Formeln, Sätze und Figuren desselben Paragraphen werden einfach mit der betreffenden Nummer zitiert. Wird auf eine Formel oder einen Satz eines anderen Paragraphen verwiesen, so ist neben der Formel- bzw. Satznummer noch die Nummer der Gliederung angegeben (z.B. Formel (4) in § 2.3.). Im Text werden andere logische Zeichen als $\Rightarrow$ (daraus folgt) nicht benutzt. Numerische Resultate bei Beispielen sind meistens auf 2 Dezimalstellen gerundet.

Ich möchte es nicht versäumen, mich an dieser Stelle zu bedanken bei Herrn Dipl.-Math. K.-H. Bertsch für viele wertvolle Bemerkungen bei der Abfassung des Manuskripts und die Hilfe beim Lesen der Korrekturen, bei Herrn Dr. R. Rodiek für einige Zahlenangaben sowie bei Frau H. Küllmar für die sorgfältige Erstellung des Typoskripts. Dem Verlag Vandenhoeck & Ruprecht gebührt mein besonderer Dank für die gute Zusammenarbeit.

Mainz, im September 1974   Erich Härtter

Inhalt

Abhängigkeit der Paragraphen

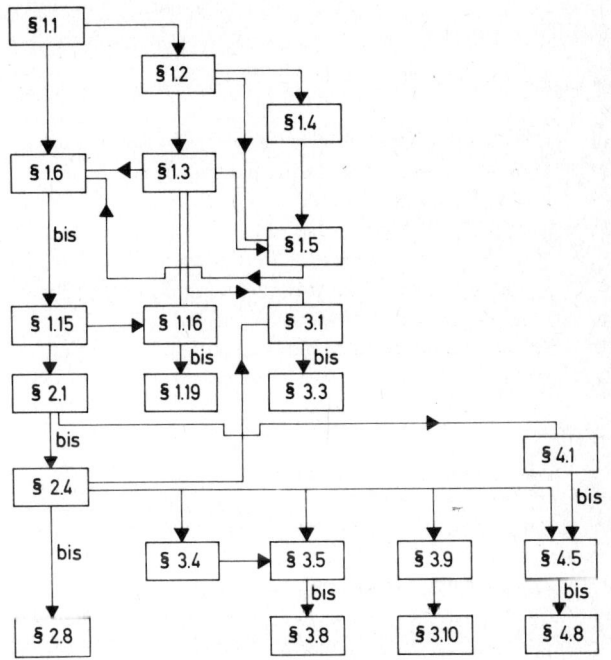

Abschnitt 1:

Der Wahrscheinlichkeitsbegriff

§ 1.1. Einleitung

1.1.1. Die Wörter „wahrscheinlich" und „Wahrscheinlichkeit" werden schon in der Umgangssprache in den verschiedensten Bedeutungen benutzt. Wir machen Aussagen wie etwa: Wahrscheinlich wird der Student X die Prüfung gut bestehen.

Oder: Mit an Sicherheit grenzender Wahrscheinlichkeit schneit es jeden Winter bei uns.

Oder: Der Impfstoff bei einer Schutzimpfung wirkt mit einer Wahrscheinlichkeit von 95%.

Oder: Die Wahrscheinlichkeit, daß ein männlicher Einwohner der BRD von 65 Jahren auch das 70. Lebensjahr vollendet, beträgt heute etwa 80%.

Im ersten Fall wird durch die Aussage eine subjektive Meinung ausgedrückt, welcher man nicht ganz sicher ist. Wir benutzen zur Abstufung der Gewißheit unseres subjektiven Überzeugtseins für das Eintreten von Ereignissen weiter Formulierungen wie „höchst wahrscheinlich", „kaum wahrscheinlich", „unwahrscheinlich" und ähnliche. Die Zuverlässigkeit solcher Voraussagen wird aber stets von der Erfahrung und den Kenntnissen des Urteilenden abhängen.

In der zweiten Aussage wird zum Ausdruck gebracht, daß man fast sicher damit rechnen kann, daß in jedem Winter bei uns einmal Schnee fällt. Allerdings könnte es in einem sehr milden Winter,

also bei extremen Witterungsbedingungen, doch einmal sein, daß
es nicht schneit. Nur ist dieses Ereignis seit Menschengedenken und
soweit meteorologische Aufzeichnungen zurückreichen, nie eingetreten. Daher kann man zwar nicht mit absoluter Sicherheit, aber
doch fast sicher annehmen, daß es in jedem Winter bei uns einmal
schneit.

Anders ist nun die dritte Aussage. Hier wird eine Zahlenangabe für
das Eintreten des Ereignisses gemacht. Aufgrund einer großen Anzahl von Beobachtungen, die sich etwa über einen längeren Zeit-
raum erstreckten, weiß man, daß von den gegen die betreffende
Krankheit geimpften Personen etwa nur 5 % daran erkrankten.

Ebenso ist es im vierten Fall. Aus den Sterbetafeln ist bekannt,
daß von den männlichen Einwohnern der BRD, welche den 65. Geburtstag erlebt haben, etwa 80 % auch 70 Jahre alt werden[1]). Die
Zahlenangaben liefern also ein Maß für die Häufigkeit, mit der das
betreffende Ereignis zu erwarten ist.

Wir machen ferner auch Wahrscheinlichkeitsaussagen, die auf a
priori-Überlegungen beruhen, wie z.B.: Die Wahrscheinlichkeit,

mit einem Spielwürfel die Zahl 1 zu werfen, ist $\frac{1}{6}$.

1.1.2. In der Wahrscheinlichkeitsrechnung untersucht man zunächst
also Gesetzmäßigkeiten der realen Welt. Man bildet sich Modellvorstellungen und stellt dann die Verbindung zu empirischen Beobachtungen her. Hiernach ist klar, daß die Grundbegriffe der Wahrscheinlichkeitsrechnung und ihre Grundvoraussetzungen (Axiome)
bei der Entwicklung der Theorie das Ergebnis eines langen Prozes-
ses der Abstraktion von den Erscheinungen der äußeren Welt sind.
Obwohl bei der Entstehung der Wahrscheinlichkeitsrechnung um

---

[1]) Quelle: Statistisches Jahrbuch 1972, S. 49; der Wert 80 % ist aus den dort
angegebenen Werten berechnet.

die Mitte des 17. Jahrhunderts[2]) ihre Anwendung sich zunächst auf Glücksspiele beschränkte, wurde doch damals schon in der Wahrscheinlichkeitsrechnung ein Mittel zur Erforschung von „Zufallserscheinungen" gesehen.

§ 1.2. Der klassische Wahrscheinlichkeitsbegriff

1.2.1. Man betrachtet in der Wahrscheinlichkeitsrechnung allgemein Erscheinungen, deren Ablauf und Ergebnis aus den gegebenen Anfangsbedingungen nicht eindeutig bestimmt ist. Solche Erscheinungen treten auf bei der Ausführung von *Zufallsexperimenten* oder bei *zufallsabhängigen Massenerscheinungen.* Der Einfachheit halber wollen wir die gemeinsame Bezeichnung *Zufallserscheinung* benutzen. Damit ist nicht gesagt, daß der Ablauf und das Ergebnis der Erscheinung nicht kausal bestimmt sei. Das Ergebnis ist nur aus den vorgegebenen Bedingungen mit den vorhandenen Kenntnissen nicht eindeutig festzulegen. Wir machen dabei die Annahme, daß bei der wiederholten oder bei längerer Beobachtung einer Zufallserscheinung sich die Bedingungen (Anfangsbedingungen) dafür nicht ändern.

Beispiele: (I) Das Werfen eines Würfels[3]); (II) das Werfen einer Münze; (III) das Ziehen einer Karte aus einem Kartenspiel; (IV) das Ziehen eines Loses aus einer Urne; (V) das Geschlecht bei der Geburt eines Kindes. Weitere Beispiele sind (VI) der radioaktive Zerfall, (VII) das Entstehen von Ausschußstücken bei der Fertigung eines Produkts.

---

[2]) Von einigen Vorläufern (Cardano, Tartaglia) wollen wir absehen.

[3]) Wenn wir von „Würfelwerfen" oder „Münzewerfen" sprechen, ist immer das Werfen mit einem regelmäßigen „fairen" Spielwürfel bzw. einer regelmäßigen Münze gemeint, es sei, daß ausdrücklich etwas anderes vorausgesetzt wird.

Ein Ergebnis (Resultat) einer Zufallserscheinung heißt *Ereignis.*

Ereignisse sind im Beispiel (I) etwa das Werfen einer 6; oder das Ereignis, eine gerade Zahl zu werfen; im Beispiel (II) das Werfen von Wappen; im Beispiel (III) das Ziehen einer Herzkarte aus dem Kartenspiel; im Fall (V) die Geburt eines Jungen; im Fall (VII) das Entstehen einer bestimmten Anzahl von Ausschußstücken während einer gewissen Zeitspanne.

Jedem Ereignis einer Zufallserscheinung kann eine Aussage zugeordnet werden, nämlich die, daß das betreffende Ereignis eintritt oder nicht eintritt[4]).

Ereignisse bezeichnen wir mit Buchstaben *A, B, ...* Wir geben folgende

Definition: *Zwei Ereignisse A und B einer Zufallserscheinung heißen unvereinbar (schließen einander aus), wenn beide nicht gleichzeitig eintreten können.*

Beispiel: Die Zufallserscheinung sei Würfelwerfen.

Sei   *A* = Ereignis, „3" zu werfen;

   B = Ereignis, „gerade Zahl" zu werfen.

Dann sind diese Ereignisse *A* und *B* unvereinbar.

Wir betrachten in diesem und dem folgenden Paragraphen nur solche Zufallserscheinungen, die nur endlich viele Ereignisse zulassen[5]).

1.2.2. Um nun den klassischen Wahrscheinlichkeitsbegriff einzuführen, erklären wir zuvor, was unter der *Gleichwahrscheinlichkeit* von Ereignissen verstanden werden soll:

---

[4]) Den Beziehungen zwischen Ereignissen entsprechen damit logische Beziehungen zwischen Aussagen.

[5]) Zwei Ereignisse heißen gleich, wenn sie dasselbe Ergebnis haben. Z. B. sind die Ereignisse mit einem Würfel „2, 4 oder 6 werfen" und „gerade Zahl werfen" gleich (siehe auch § 1.6).

(1) Die r Ereignisse E_1, E_2, ..., E_r[6]) einer Zufallserscheinung sollen paarweise unvereinbar sein und

(2) mindestens eines dieser Ereignisse soll bei jeder Beobachtung der Zufallserscheinung eintreten[7]);

(3) aufgrund der Fragestellung soll kein Ereignis E_j einem anderen dieser Ereignisse vorzuziehen sein; dann sollen die Ereignisse E_1, E_2, ..., E_r *gleichwahrscheinlich (gleichmöglich)* heißen, und die Wahrscheinlichkeit für jedes dieser r Ereignisse wird gleich $\frac{1}{r}$ gesetzt.

Wir schreiben[8])

$$P(E_1) = P(E_2) = \ldots = P(E_r) = \frac{1}{r}.$$

Da diese Wahrscheinlichkeiten im voraus festgelegt sind, spricht man auch von „a priori"-Wahrscheinlichkeiten.

Betrachten wir nun ein beliebiges Ereignis A einer Zufallserscheinung. Wenn mit dem Eintreten von A auch genau s der Ereignisse E_1, E_2, ..., E_r eintreten ($s \leqslant r$), dann erklären wir die *Wahrscheinlichkeit des Ereignisses A* als

$$P(A) = \frac{s}{r}.$$

Die Wahrscheinlichkeit eines beliebigen Ereignisses A ist also eine Zahl $\geqslant 0$ und $\leqslant 1$.

---

[6]) Später werden wir die Bezeichnung ω_1, ω_2, ..., ω_r benutzen. − Unter diesen r Ereignissen soll kein Ereignis vorkommen, das bei der Zufallserscheinung überhaupt nicht eintreten kann, d.h. das unmögliche Ereignis (siehe § 1.6) soll nicht vorkommen.

[7]) Die r Ereignisse bilden also ein vollständiges System (vgl. § 1.9).

[8]) Der Buchstabe P rührt von dem englischen „probability" = Wahrscheinlichkeit her.

Man nennt die Anzahl s auch die Anzahl der für das Ereignis A *günstigen Fälle* und r die Anzahl der *möglichen Fälle.* Damit hat man auch die Formulierung

$$P(A) = \frac{s}{r} = \frac{\text{Anzahl der für } A \text{ günstigen Fälle}}{\text{Anzahl der möglichen Fälle}}.$$

Dies ist die *klassische oder Laplacesche*[9]) *Definition* der Wahrscheinlichkeit.

Manchmal wird die Wahrscheinlichkeit auch in Prozenten angegeben. Der Wahrscheinlichkeit $\frac{s}{r}$ entsprechen $\frac{s}{r} \cdot 100\%$; also etwa im Fall

$$P(A) = \frac{1}{2} = 0,5 = 50\%.$$

Beispiel: Bei der Zufallserscheinung „Würfelwerfen" können wir nehmen

Ereignis E_1 = Werfen einer „1";

Ereignis E_2 = Werfen einer „2";

....

Ereignis E_6 = Werfen einer „6";

$$\Rightarrow P(E_1) = P(E_2) = \ldots = P(E_6) = \frac{1}{6}.$$

Ist nun A das Ereignis, eine „gerade Zahl" zu werfen, so treten mit A auch genau die 3 Ereignisse E_2, E_4 und E_6 ein, also wird $P(A) = \frac{3}{6} = \frac{1}{2}.$

Ebenso können wir aber bei diesem Beispiel als paarweise unvereinbare Ereignisse und wobei keines dem anderen vorzuziehen ist, auch nehmen

---

[9]) Pierre Simon Laplace, 1749–1827.

Ereignis E_1^* = Werfen einer „geraden Zahl";

Ereignis E_2^* = Werfen einer „ungeraden Zahl";

$$\Rightarrow P(E_1^*) = P(E_2^*) = \frac{1}{2}.$$

Nun ist

$$P(A) = P(E_1^*) = \frac{1}{2}.$$

1.2.3. Wir wollen nun einige Eigenschaften dieses klassischen Wahrscheinlichkeitsbegriffs zusammenstellen:

(1) $P(A) \geqslant 0$ *für jedes Ereignis A einer Zufallserscheinung.*

(2) *Sind A und B zwei unvereinbare Ereignisse einer Zufallserscheinung und bedeutet C dasjenige Ereignis, das genau dann eintritt, wenn wenigstens eines der Ereignisse A oder B eintritt, so gilt*

$$P(C) = P(A) + P(B).$$

Beweis für (2): Für das Ereignis A seien von insgesamt r Fällen s Fälle günstig und für B seien t Fälle günstig;

$$\Rightarrow P(A) = \frac{s}{r} \quad \text{und} \quad P(B) = \frac{t}{r}.$$

Weil A und B unvereinbar sind, müssen für C nun $s + t$ Fälle von den insgesamt r Fällen günstig sein;

$$\Rightarrow P(C) = \frac{s + t}{r} = \frac{s}{r} + \frac{t}{r} = P(A) + P(B).$$

Als Verallgemeinerung von (2) haben wir

$(2')$ *Sind A_1, A_2, ..., A_n paarweise unvereinbare Ereignisse einer Zufallserscheinung und bedeutet C dasjenige Ereignis, das genau dann eintritt, wenn wenigstens eines der Ereignisse A_1 oder A_2 oder ... oder A_n eintritt, so gilt*

$$P(C) = P(A_1) + P(A_2) + \ldots + P(A_n).$$

(3) *Bedeutet E das Ereignis, das bei der Zufallserscheinung auf jeden Fall eintritt* [10]*), so gilt*

$$P(E) = 1.$$

Beweis: Da in diesem Fall alle möglichen Fälle auch günstige Fälle sind, folgt

$$P(E) = \frac{r}{r} = 1.$$

§ 1.3. Kombinatorische Berechnung von Wahrscheinlichkeiten

A. Kombinatorische Hilfsmittel

1.3.1. *Permutationen.* Wir gehen davon aus, daß n (verschiedene) Elemente ($n \geqslant 1$) gegeben sind. Wir

definieren: *Jede Möglichkeit, die es gibt, diese n Elemente in einer Reihe nebeneinander anzuordnen, heißt eine Permutation dieser Elemente. Die Anzahl der verschiedenen Permutationen von n Elementen bezeichnen wir mit* p_n.

Beispiel: Für die 3 Elemente □; △; ○ haben wir folgende Permutationen:

```
□    △    ○
□    ○    △
△    □    ○
△    ○    □
○    □    △
○    △    □
```

$$\Rightarrow p_3 = 6.$$

---

[10]) E heißt auch *sicheres Ereignis* (siehe auch § 1.6). – Beim Würfelwerfen bedeutet E zum Beispiel das Ereignis, eine Zahl $\leqslant 6$ zu werfen; man könnte für E auch nehmen das Ereignis, eine Zahl $\geqslant 0$ zu werfen.

Fernerhin wollen wir die Elemente durch die Symbole $x_1, x_2, ..., x_n$ bezeichnen.

Wir zeigen den

Satz 1: $p_n = 1 \cdot 2 \cdots n = \prod_{j=1}^{n} j = n!$

Dabei wird $1! = 1$ gesetzt.

Beweis:

a) $p_1 = 1 = 1!$

b) 2 Elemente x_1 und x_2 können angeordnet werden als x_1, x_2 und als x_2, x_1;
   $\Rightarrow p_2 = 2 = 2!$

c) 3 Elemente x_1, x_2 und x_3 können angeordnet werden als

$$\left.\begin{array}{l} x_1, x_2, x_3 \\ x_1, x_3, x_2 \\ x_3, x_1, x_2 \end{array}\right\} \text{ aus der Permutation } x_1, x_2 \text{ entstanden;}$$

$$\left.\begin{array}{l} x_2, x_1, x_3 \\ x_2, x_3, x_1 \\ x_3, x_2, x_1 \end{array}\right\} \text{ aus der Permutation } x_2, x_1 \text{ entstanden;}$$

$\Rightarrow$ jede Permutation von 2 Elementen liefert 3 Möglichkeiten für das 3-te Elemente x_3; $\Rightarrow p_3 = p_2 \cdot 3 = 2! \, 3 = 3!$

d) Allgemein liefert jede Permutation von $n-1$ Elementen n Möglichkeiten für das n-te Element x_n, denn x_n kann in die $n-2$ Zwischenräume zwischen den $n-1$ Elementen eingesetzt werden, und außerdem kann x_n ganz am Anfang als erstes Element sowie ganz am Schluß als letztes Element stehen. Die n Möglichkeiten für x_n werden in Fig. 1 noch einmal verdeutlicht.

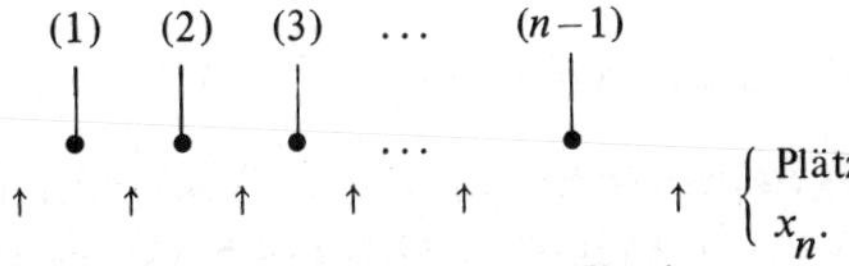

Fig. 1

$$\Rightarrow p_n = p_{n-1} \ n = (n-1)! \ n = n!$$

Damit ist Satz 1 bewiesen[11]).

Aus dem Beweis von Satz 1 folgt unmittelbar

Satz 2: *Es gilt die Rekursionsformel*

$$p_n = n \, p_{n-1} \quad oder \quad n! = n(n-1)! \quad (n \geq 2).$$

Bemerkungen: a) Das Symbol $n! = \prod_{j=1}^{n} j$ ist bisher nur für $n \geq 1$ definiert. Man setzt $0! = 1$.

b) Die Werte $n!$ wachsen mit n sehr schnell an; so ist z.B. $5! = 120$; $10! = 3\,628\,800$.

c) Da die Werte $n!$ für die Anwendungen häufig gebraucht werden, hat man sie tabelliert. Oft wird jedoch in den Tabellen $\log n!$ statt $n!$ angegeben. Auch wird die Stirlingsche Näherungsformel

$$n! \approx \sqrt{2\pi n} \left(\frac{n}{e}\right)^n \text{ benutzt}[12]).$$

---

[11]) Hier wurde das Beweisverfahren der vollständigen Induktion benutzt. — Satz 1 läßt sich auch folgendermaßen bewiesen. Für die n Elemente x_1, $x_2, \ldots, x_n$ hat man n Plätze zur Verfügung: Nun kann

das 1. Element an n Plätzen eingesetzt werden;

das 2. Element dann nur noch an $n-1$ Plätzen;

das 3. Element dann nur noch an $n-2$ Plätzen;

....

das n-te Element dann nur noch an 1 Platz.

$$\Rightarrow p_n = n(n-1)(n-2) \ldots 1 = n!$$

[12]) Es gilt stets $n! > \sqrt{2\pi n} \left(\frac{n}{e}\right)^n$. Die Approximation von $n!$ durch

$\sqrt{2\pi n} \left(\frac{n}{e}\right)^n$ wird umso besser, je größer n ist, und zwar in der Weise, daß

$n! : \left[\sqrt{2\pi n} \left(\frac{n}{e}\right)^n\right] \to 1$ strebt für $n \to \infty$. (Zur Stirlingschen Formel siehe auch § 3.4.).

1.3.2. Werden von den n Elementen x_1, x_2, ..., x_n nun n_1 Elemente gleich x_α und n_2 Elemente gleich x_β und n_3 Elemente gleich x_γ ... gesetzt, so ist die Gesamtanzahl p_n der Permutationen von n Elementen durch die Anzahlen der Möglichkeiten zu dividieren, wie oft die n_1 bzw. n_2 bzw. n_3 ... gleichen Elemente untereinander vertauscht werden können.

Bezeichnen wir die Anzahl der Permutationen von n Elementen, wo n_1 Elemente gleich x_α und n_2 Elemente gleich x_β ... $(n_1 + n_2 + ... = n)$ sind, mit $p_{n; n_1, n_2, ...}$, so haben wir

Satz 3:
$$p_{n; n_1, n_2, ...} = \frac{p_n}{p_{n_1} \ p_{n_2} \ p_{n_3} ...} =$$

$$= \frac{n!}{n_1! \ n_2! \ n_3! ...}.$$

Beispiel: Wieviele verschiedene Zahlen kann man mit den folgenden Ziffern schreiben: 1, 1, 1, 3, 3, 3, 3, 7? Anzahl dieser Zahlen =

$$= p_{8; 3, 4, 1} = \frac{8!}{3! \ 4! \ 1!} = 280.$$

1.3.3. *Kombinationen.* Wir gehen wieder davon aus, daß n verschiedene Elemente $(n \geqslant 1)$ gegeben sind. Jede Möglichkeit, die es gibt, aus diesen n Elementen k verschiedene Elemente $(1 \leqslant k \leqslant n)$ herauszugreifen[13]), ohne bei den herausgegriffenen Elementen auf ihre Reihenfolge zu achten, heißt eine *Kombination von n Elementen zur k-ten Klasse ohne Wiederholung*. Die Anzahl der verschiedenen Kombinationen von n Elementen zur k-ten Klasse ohne Wiederholung bezeichnen wir mit C_n^k.

Beispiel: Wir betrachten $n = 5$ Elemente x_1, x_2, x_3, x_4, x_5 und bestimmen die Kombinationen zur 3-ten Klasse ohne Wiederholung (dabei schreiben wir nur die Indizes):

---

[13]) Jedes Element steht also beim Herausgreifen nur einmal zur Verfügung.

1, 2, 3	2, 3, 4	3, 4, 5
1, 2, 4	2, 3, 5	
1, 2, 5	2, 4, 5	
1, 3, 4		
1, 3, 5		
1, 4, 5		

Also $C_5^3 = 10$.

Wir beweisen den

Satz 4: $C_n^k = \dfrac{n!}{k! \, (n-k)!} = \dbinom{n}{k}$.

Das Symbol $\dbinom{n}{k}$ heißt Binomialkoeffizient (der Grund dafür wird durch Satz 7 ersichtlich).

Beweis: a) Wir betrachten zunächst den oben im Beispiel schon untersuchten Fall $n = 5$, $k = 3$. In der folgenden Skizze ist *eine* Möglichkeit gezeigt, aus den 5 Elementen x_1, x_2, x_3, x_4, x_5 genau 3 Elemente herauszugreifen, wobei das Herausgreifen durch + und das Nichtherausgreifen durch 0 markiert wird:

$$
\begin{array}{ccccc}
x_1 & x_2 & x_3 & x_4 & x_5 \\
0 & + & 0 & + & +
\end{array}
$$

In der unteren Reihe haben wir 3 gleiche Elemente + und zwei gleiche Elemente 0 stehen, also erhalten wir die Anzahl C_5^3 als die Anzahl der Permutationen von 5 Elementen, wobei 3 Elemente und 2 Elemente gleich sind, d.h. mit Hilfe von Satz 3

$$
\Rightarrow C_5^3 = p_{5;\,3,\,2} = \frac{5!}{3! \, 2!} = \binom{5}{3}.
$$

b) Entsprechend gehen wir im allgemeinen Fall vor. In der Skizze

$$
\begin{array}{ccccc}
x_1 & x_2 & x_3 \ldots x_{n-1} & x_n \\
0 & + & 0 \qquad + & +
\end{array}
$$

stehen in der 1. Zeile die n Elemente x_1, x_2, ..., x_n, aus denen k Elemente herauszugreifen sind. (Herausgreifen wieder durch +, Nichtherausgreifen durch 0 markiert). In der 2. Zeile der Skizze haben wir eine Permutation von k Elementen „+" und $n-k$ Elementen „0", also mit Satz 3

$$\Rightarrow C_n^k = p_{n;k,n-k} = \frac{n!}{k!\,(n-k)!} = \binom{n}{k}.$$

Es ist noch nützlich, festzusetzen

$$C_n^0 = \binom{n}{0} = 1.$$

Es sei ferner bemerkt, daß aus $\binom{n}{k} = \dfrac{n!}{k!\,(n-k)!}$ durch Wegkürzen der Faktoren aus $(n-k)!$ entsteht

$$(1) \quad \frac{n(n-1)\,(n-2)\dots(n-k+1)}{1\cdot 2\cdot 3\quad\dots\quad k};$$

im Nenner bleiben also k Faktoren von 1 an aufsteigend und im Zähler ebenfalls k Faktoren von n an absteigend.

Bisher war der Binomialkoeffizient $\binom{n}{k}$ nur für ganze Zahlen k mit $0 \leqslant k \leqslant n$ erklärt. Durch die Form (1) für den Binomialkoeffizienten wird man dazu geführt, $\binom{n}{k} = 0$ zu setzen für $k > n$, denn im Zähler von (1) entsteht dann der Faktor 0.

1.3.4. Wir wollen nun einige Eigenschaften von Binomialkoeffizienten herleiten, die in der Wahrscheinlichkeitsrechnung und Statistik oft gebraucht werden.

Satz 5: $\binom{n}{k} = \binom{n}{n-k}.$

Beweis: Da im Beweis von Satz 4 die Symbole + und 0 gleichberechtigt sind, gilt $C_n^k = C_n^{n-k}$, d.h. $\binom{n}{k} = \binom{n}{n-k}.$

Oder man hat direkt $\binom{n}{k} = \dfrac{n!}{k!\,(n-k)!} = \dfrac{n!}{(n-k)!\,k!} = \binom{n}{n-k}.$

Satz 6: $\binom{n}{k} + \binom{n}{k+1} = \binom{n+1}{k+1}.$

Beweis: $\binom{n}{k} = \dfrac{n!}{k!\,(n-k)!}$; $\binom{n}{k+1} = \dfrac{n!}{(k+1)!\,(n-k-1)!}$;

$$\Rightarrow \binom{n}{k} + \binom{n}{k+1} = \frac{n!}{k!\,(n-k-1)!}\left[\frac{1}{n-k} + \frac{1}{k+1}\right] =$$

$$= \frac{n!}{k!\,(n-k-1)!} \cdot \frac{k+1+n-k}{(n-k)\,(k+1)} = \frac{(n+1)!}{(k+1)!\,(n-k)!} = \binom{n+1}{k+1}.$$

Auf der Aussage von Satz 6 beruht die Anordnung der Binomial-koeffizienten im Pascalschen Dreieck (Fig. 2).

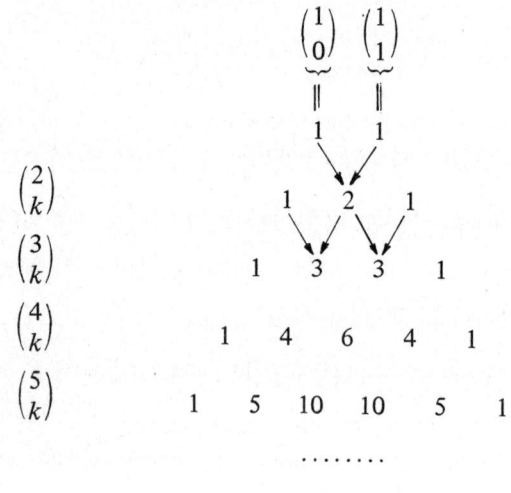

Fig. 2

Ohne Beweis erwähnen wir den

Satz 7 *(Binomischer Satz)*:

$$(a+b)^n = \binom{n}{0} a^n + \binom{n}{1} a^{n-1} b + \binom{n}{2} a^{n-2} b^2 + \ldots +$$

$$+ \binom{n}{k} a^{n-k} b^k + \ldots + \binom{n}{n} b^n =$$

$$= \sum_{k=0}^{n} \binom{n}{k} a^{n-k} b^{k}.$$

Ersetzt man hierin b durch $-b$, so erhält man als Folgerung

Satz 7′:

$$(a-b)^n = \binom{n}{0} a^n - \binom{n}{1} a^{n-1} b + \binom{n}{2} a^{n-2} b^2 - + \ldots +$$

$$+ (-1)^k \binom{n}{k} a^{n-k} b^k + \ldots + (-1)^n \binom{n}{n} b^n =$$

$$= \sum_{k=0}^{n} (-1)^k \binom{n}{k} a^{n-k} b^k.$$

Zwei weitere Folgerungen werden häufig gebraucht:

Satz 8: $\binom{n}{0} + \binom{n}{1} + \binom{n}{2} + \ldots + \binom{n}{n} = \sum_{k=0}^{n} \binom{n}{k} = 2^n.$

Beweis: Folgt sofort aus Satz 7, indem man $a = b = 1$ setzt.

Satz 8′: $\binom{n}{0} - \binom{n}{1} + \binom{n}{2} - + \ldots + (-1)^n \binom{n}{n} = \sum_{k=0}^{n} (-1)^k \binom{n}{k} = 0.$

Beweis: Folgt sofort aus Satz 7′, indem man $a = b = 1$ setzt.

Als Anwendung von Satz 8 zeigen wir

Satz 9: *Die Anzahl der Elemente der Potenzmenge von* $\{x_1, x_2, \ldots, x_n\}$, *also die Anzahl aller Teilmengen der n-elementigen Menge* $\{x_1, x_2, \ldots, x_n\}$, *ist* 2^n. (Die leere Menge $\emptyset$ und die Menge selbst als Teilmengen mitgezählt.)

Beweis: Zunächst betrachten wir $n = 3$;

0-elementige Teilmengen:　　$\emptyset$;

1-elementige Teilmengen:　　$\{x_1\}, \{x_2\}, \{x_3\}$;

2-elementige Teilmengen: $\{x_1, x_2\}$, $\{x_1, x_3\}$, $\{x_2, x_3\}$;
3-elementige Teilmengen: $\{x_1, x_2, x_3\}$.

Also ist hier die Anzahl aller Teilmengen $8 = 2^3$.

Im allgemeinen Fall ist die Anzahl aller k-elementigen Teilmengen einer Menge $\{x_1, x_2, \ldots, x_n\}$ gleich der Anzahl der verschiedenen Möglichkeiten, aus den n Elementen k Elemente herauszugreifen, also gleich $C_n^k = \binom{n}{k}$. Damit wird die Anzahl aller Teilmengen von $\{x_1, x_2, \ldots, x_n\}$ nach Satz 8 gleich

$$\binom{n}{0} + \binom{n}{1} + \binom{n}{2} + \ldots + \binom{n}{n} = 2^n.$$

1.3.5. Betrachten wir die Möglichkeiten, aus n Elementen k Elemente herauszugreifen, ohne bei den herausgegriffenen Elementen auf ihre Reihenfolge zu achten, wobei nun jedes Element mehrmals zur Verfügung steht, so spricht man von *Kombinationen von n Elementen zur k-ten Klasse mit Wiederholung*. Die Anzahl der verschiedenen Kombinationen von n Elementen zur k-ten Klasse mit Wiederholung bezeichnen wir mit $\hat{C}_n^k$.

Beispiel: Wir betrachten $n = 4$ Elemente x_1, x_2, x_3, x_4 und bestimmen die Kombinationen zur 2. Klasse mit Wiederholung (dabei schreiben wir nur die Indizes):

11	22	33	44
12	23	34	
13	24		
14			

Es gilt allgemein die Formel

$$\hat{C}_n^k = \binom{n + k - 1}{k},$$

die wir ohne Beweis angeben wollen.

Für das obige Beispiel erhalten wir $\hat{C}_4^2 = \binom{5}{2} = 10$.

1.3.6. Die Möglichkeiten, aus n Elementen k Elemente herauszugreifen, wobei aber nun bei den herausgegriffenen Elementen auf die Reihenfolge geachtet wird, heißen *Variationen von n Elementen zur k-ten Klasse*. Man unterscheidet Variationen ohne Wiederholung und Variationen mit Wiederholung.

Die Anzahl der Variationen ohne Wiederholung ist

(2) $\quad V_n^k = \binom{n}{k} k! \quad (0 \leqslant k \leqslant n)$,

denn jede Variation entsteht durch Permutation der Elemente einer Kombination. Für (2) kann man auch schreiben

$$V_n^k = \frac{n!}{(n-k)!} = n(n-1)\ldots(n-k+1).$$

Die Anzahl der Variationen mit Wiederholung ist

(3) $\quad \hat{V}_n^k = n^k$.

In (2) liefert $k = n$ die Anzahl p_n der Permutationen von n Elementen.

B. Berechnung von Wahrscheinlichkeiten

1.3.7. Wir werden nun an Beispielen sehen, daß die Berechnung von Wahrscheinlichkeiten mit der klassischen Wahrscheinlichkeitsdefinition im wesentlichen auf Fragen der Kombinatorik hinausläuft.

Beispiel 1: Wie groß ist die Wahrscheinlichkeit, bei einem einzigen Wurf mit einem Würfel die Zahl 5 oder die Zahl 6 zu werfen?

Lösung: Bei dieser Zufallserscheinung gibt es $r = 6$ mögliche Fälle und $s = 2$ günstige Fälle.

$$\Rightarrow P = \frac{s}{r} = \frac{2}{6} = \frac{1}{3}.$$

Beispiel 2: Mit welcher Wahrscheinlichkeit kann man beim Zahlenlotto „6 aus 49" einen Volltreffer, also „6 Richtige", erwarten?

Lösung: Mögliche Fälle bei dieser Zufallserscheinung sind alle Möglichkeiten, aus den 49 Zahlen 1, 2, ..., 49 genau 6 (verschiedene) Zahlen auszuwählen, wobei es bei diesen 6 Zahlen nicht auf die Reihenfolge ankommt. (Es spielt ja keine Rolle, in welcher Reihenfolge man die 6 Zahlen ankreuzt). Man hat also die Anzahl der

Kombinationen von 49 Elementen zur 6-ten Klasse ohne Wiederholung zu bilden, und diese Kombinationen sind alle gleichmöglich. Somit

$$r = C_{49}^6 = \binom{49}{6}.$$

Da nur eine von diesen $\binom{49}{6}$ Kombinationen die richtige Zahlen-
kombination ist, ist die Anzahl s der für das Ereignis „6 Richtige"
günstigen Fälle gleich 1. Daher ist die gesuchte Wahrscheinlichkeit

$$P = \frac{s}{r} = \frac{1}{\binom{49}{6}} = \frac{1}{13\,983\,816} \approx 7,15 \cdot 10^{-8} = 0,000\,000\,0715,$$

oder m. a. W. ist die Wahrscheinlichkeit für „6 Richtige" etwa
1 : 14 000 000.

§ 1.4. Ein Beispiel für geometrische Wahrscheinlichkeiten

1.4.1. Wir haben in § 1.2 die Wahrscheinlichkeit eingeführt als den Quotien-
ten aus der Anzahl der für ein Ereignis A günstigen Fälle und der bei der
betrachteten Zufallserscheinung möglichen Fälle. Dabei wird stillschweigend
vorausgesetzt, daß z. B. beim Würfelwerfen die Zahlen 1 bis 6 „gleich möglich" sind, was bedeutet, daß der Begriff der „Wahrscheinlichkeit" durch den
(nicht definierten) Begriff der „Gleichmöglichkeit" oder „Gleichwahrscheinlichkeit" erklärt wird. Dieser Zirkel in der Begriffsbildung war dann auch der
Anlaß zur Kritik an der klassischen Wahrscheinlichkeitsdefinition. Außerdem
werden beim klassischen Wahrscheinlichkeitsbegriff nur solche Zufallserscheinungen betrachtet, die nur endlich viele Ereignisse zulassen.

Die Untersuchung „geometrischer Wahrscheinlichkeiten" ist häufig wegen
der Willkür in der Bestimmung der Wahrscheinlichkeiten von Ereignissen
einer Kritik unterworfen worden, weil das Resultat anscheinend von der
Lösungsmethode abhängt.

1.4.2. Als Beispiel wollen wir das folgende „Bertrandsche Paradoxon"[14]) betrachten:

In einem Kreis wird „ganz zufällig" eine Sehne gezogen (Fig. 1). Wie groß ist dann die Wahrscheinlichkeit, daß sie länger ist als die Seite a des dem Kreis einbeschriebenen gleichseitigen Dreiecks?

Der Einfachheit in der Bezeichnung halber beschränken wir uns auf den Fall, daß der Radius des Kreises 1 ist.

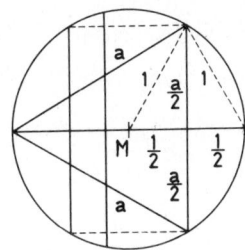

Fig. 1

Wir wollen zunächst folgende *erste* Lösungsmöglichkeit diskutieren: Aus Symmetriegründen ist die Richtung der eingezeichneten Sehne gleichgültig; wir betrachten in Fig. 1 nur solche Sehnen, die auf dem waagrecht eingezeichneten Durchmesser senkrecht stehen. Damit die Sehne länger ist als die Seite a, muß sie den waagrechten Durchmesser in einem Punkt schneiden, der vom Mittelpunkt M des Kreises höchstens um $\frac{1}{2}$ nach links oder nach rechts entfernt ist.

Dieselben Überlegungen gelten auch für jede beliebige andere Richtung des Durchmessers.

Da der ganze Durchmesser jeweils die Länge 2 hat, und die Punkte, welche als Schnittpunkte der betrachteten Sehnen mit dem Durchmesser in Frage kommen, auf einer Strecke der Länge 1 liegen, wird man sagen, daß mit einer Wahrscheinlichkeit $^1/_2$ die zufällig eingezeichnete Sehne länger ist als die Seite a des eingezeichneten gleichseitigen Dreiecks.

---

[14]) Joseph Bertrand (1822–1900) in seinem Buch „Calcul des probabilités" (1888).

Für die *zweite* Lösungsmöglichkeit dieser Fragestellung gehen wir so vor:
Aus Symmetriegründen können wir einen Endpunkt der Sehne in einem
Punkt P auf der Kreislinie festhalten (Fig. 2). Die Tangente an den Kreis in
diesem Punkt P und die zwei Seiten des einbeschriebenen regelmäßigen Dreiecks mit einem Eckpunkt in P schließen je Winkel von 60° ein.

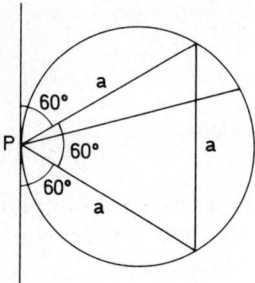

Fig. 2

„Günstige" Möglichkeiten sind hierbei nur die Sehnen, die von P aus im
Winkelraum zwischen den beiden Dreiecksseiten a verlaufen, währenddem
die Sehnen in den Winkelräumen zwischen einer Dreiecksseite und der Tangente alle kürzer als die Dreiecksseite a sind. Alle möglichen Sehnen, die
von P ausgehen, liegen in dem Winkelraum von 180°.

Da für jeden Punkt der Kreislinie die Überlegungen entsprechend gelten, er
halten wir für die gesuchte Wahrscheinlichkeit $^1/_3$.

Für die *dritte* Lösungsmöglichkeit bemerken wir, daß es genügt, den Mittelpunkt der Kreissehne vorzugeben. Damit die Sehne dann der Bedingung der
Aufgabe genügt, muß sich notwendig ihr Mittelpunkt innerhalb eines Kreises
befinden, der konzentrisch zum vorgegebenen Kreis liegt, aber – wie man
durch elementargeometrische Betrachtungen leicht erkennt – nur den halben
Radius besitzt (Fig. 3).

Da der Flächeninhalt des kleinen Kreises gleich $\pi/4$ und der Flächeninhalt des
gegebenen Kreises gleich π ist, erhält man für die gesuchte Wahrscheinlich-

keit den Wert $\dfrac{\dfrac{\pi}{4}}{\pi} = {}^1/_4$.

Die verschiedenen Ergebnisse lassen sich nun dadurch erklären, daß der
Begriff „Gleichwahrscheinlichkeit" verschieden benutzt wurde.

Im ersten Fall sind alle Punkte eines Intervalls gleichwahrscheinlich, im zweiten Fall alle Winkel eines Winkelraums und im dritten Fall alle Punkte innerhalb eines Kreises.

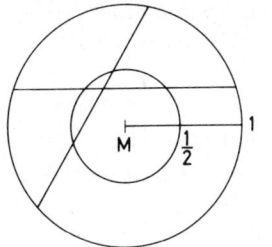

Fig. 3

Ferner wird bei diesem Beispiel der klassische Wahrscheinlichkeitsbegriff angewandt, obwohl die Zufallserscheinung unendlich viele Ereignisse zuläßt.

§ 1.5. Der statistische Wahrscheinlichkeitsbegriff

1.5.1. Beim Übergang von den Beispielen bei der Untersuchung der Gewinnchancen bei Glücksspielen zur Betrachtung komplizierter Aufgaben, insbesondere solcher naturwissenschaftlicher oder technischer Art, stößt die klassische Definition der Wahrscheinlichkeit auf unüberwindliche Schwierigkeiten, die prinzipieller Natur sind. Vor allem erhebt sich in der Mehrzahl der Fälle die Frage, ob es möglich ist, in vernünftiger Weise die gleichmöglichen Fälle herauszufinden[15]).

[15]) v. Mises ([24], S. III) beschreibt den Stand der Wahrscheinlichkeitsrechnung, wie er von Laplace geprägt wurde und bis zum Anfang des 20. Jahrhunderts reichte, folgendermaßen: Es war ein Standpunkt des Laissez faire: Man beginnt mit einigen wenigsagenden Worten über gleichmögliche, günstige und ungünstige Fälle, leitet daraus ein paar einfache Regeln ab und verwendet dann (scheinbar) diese in einem Ausmaß, das in keinem Verhältnis zu dem beschränkten und bescheidenen Ausgangspunkt steht. Wie der Sprung von aprioristischen Voraussetzungen über Gleichmöglichkeit zur Beschreibung realer statistischer Vorgänge erfolgt, bleibt völlig im dunkeln, bei Laplace sowohl wie bei allen seinen Nachfolgern.

1.5.2. Bei einer großen Anzahl von Beobachtungen einer Zufallserscheinung (bei unveränderten Vorbedingungen) zeigt es sich, daß für viele Erscheinungen die Anzahl der Fälle, in denen ein Ereignis A eintritt, bestimmten Gesetzmäßigkeiten gehorcht.

Wir beobachten eine Zufallserscheinung n-mal, wobei die Ereignisse, die bei diesen n Beobachtungen eintreten, unabhängig sein sollen; d.h. jedes Ereignis ist unabhängig davon, welche Ereignisse bisher bei der Beobachtung der Zufallserscheinung eingetreten sind [16]).

Bezeichnen wir mit k die Anzahl der Fälle, bei denen das Ereignis A eingetreten ist [17]), so zeigt die Erfahrung, daß das Verhältnis $\frac{k}{n}$, also die *relative Häufigkeit* für das Eintreten von A, mit wachsendem n im allgemeinen einem konstanten Wert zustrebt, d.h. die Abweichungen der relativen Häufigkeit von diesem konstanten Wert werden umso geringer, je mehr Beobachtungen ausgeführt wurden.

Eine derartige Stabilität der relativen Häufigkeit $\frac{k}{n}$ stellte man bei Zufallserscheinungen wie Würfelwerfen und in der Bevölkerungsstatistik fest. Folgende Tabelle stellt erhaltene Werte beim Werfen einer Münze zusammen:

Beobachtung ausgeführt von	Anzahl n der Würfe	Anzahl k des Eintretens des Ereignisses „Zahl"	relative Häufigkeit $\frac{k}{n}$
Buffon	4040	2048	0,5069
K. Pearson	12000	6019	0,5016
K. Pearson	24000	12012	0,5005

[16]) Zum Begriff der Unabhängigkeit siehe § 1.17.
[17]) k ist also die absolute Häufigkeit von A, die manchmal auch mit $f_n(A)$ bezeichnet wird.

1.5.3. Daß bei einer großen Anzahl von Beobachtungen bei einer Zufallserscheinung die relative Häufigkeit für das Eintreten eines Ereignisses A fast konstant bleibt, zwingt zu der Annahme, daß vom Beobachter unabhängige Gesetzmäßigkeiten für den Ablauf der Erscheinungen gelten, die sich gerade in der Stabilität der relativen Häufigkeit äußern.

Dabei muß man über die Zufallserscheinung folgende Voraussetzungen machen:

(1) Man kann — zumindest prinzipiell — die Zufallserscheinung (bei unveränderten Bedingungen) beliebig oft beobachten, wobei jedesmal das Ereignis A eintritt oder nicht.

(2) Bei hinreichend langen Folgen von Beobachtungen wird festgestellt, daß die Glieder der zugehörigen Folgen der relativen Häufigkeiten (von einer genügend großen Beobachtungsnummer n ab) nur unwesentlich von einer (im allgemeinen unbekannten) Konstante abweichen.

Diese Überlegungen führten Richard v. Mises[18] [24] dazu, die Wahrscheinlichkeit $p = P(A)$ für das Eintreten eines Ereignisses A einer Zufallserscheinung zu *definieren* als

$$p = \lim_{n \to \infty} \frac{k}{n},$$

wenn $\frac{k}{n}$ die relative Häufigkeit bedeutet, mit der das Ereignis A bei n Beobachtungen der Zufallserscheinung eintritt.

Die v. Misessche Theorie geht also von einer unendlichen Folge von Beobachtungen aus, einem sog. *Kollektiv.* Jedes Kollektiv muß dabei folgende zwei Eigenschaften besitzen:

(3) *Existenz der Grenzwerte der relativen Häufigkeit:* Wenn unter den n ersten Beobachtungen der unendlichen Folge k-mal das Ereignis A eingetreten ist, so soll $\lim_{n \to \infty} \frac{k}{n}$ existieren.

---

[18] Richard Edler von Mises, 1883–1953.

(4) *Regellosigkeit:* Nimmt man nur eine Teilfolge, die durch „Stellenauswahl" aus der Gesamtfolge gewonnen wurde, so soll die Bildung des entsprechenden Grenzübergangs zum selben Grenzwert führen; Stellenauswahl ist dabei eine Vorschrift, durch die über die Zugehörigkeit des n-ten Gliedes der Gesamtfolge von Beobachtungen zur Teilfolge unabhängig vom Ergebnis dieser n-ten Beobachtung entschieden wird (Gnedenko [5], S. 40).

Als numerischen Wert dieser Wahrscheinlichkeit kann man somit bei einer großen Anzahl von Beobachtungen angenähert die relative Häufigkeit des Ereignisses A annehmen. Die so bestimmte Wahrscheinlichkeit eines zufälligen Ereignisses heißt auch *statistische Wahrscheinlichkeit.*

1.5.4. Der Aufbau einer mathematischen Theorie, die sich auf die beiden Forderungen (3) und (4) gründet, stieß jedoch auf unüberwindliche logische Schwierigkeiten. Die Eigenschaft (4) der Regellosigkeit erwies sich nämlich als unvereinbar mit der Forderung (3) nach der Existenz der Grenzwerte. (Es sei hier auf die Kritik Chintschins an der v. Mises'schen Theorie verwiesen. Gnedenko [5], S. 40).

§ 1.6.   Relationen zwischen Ereignissen

1.6.1. In der modernen Wissenschaft geht man oft von denjenigen Voraussetzungen als Axiomen aus, die man über die Wirklichkeit annimmt und die im Rahmen der betreffenden Theorie nicht bewiesen werden. Alle übrigen Aussagen dieser Theorie müssen dann auf rein logischem Weg aus den zu Grunde gelegten Axiomen gefolgert werden. Unter diesem Gesichtspunkt soll nun die Wahrscheinlichkeitsrechnung entwickelt werden. Dabei geht man von den Haupteigenschaften der Wahrscheinlichkeit aus, die man von der klassischen und der statistischen Definition der Wahrscheinlichkeit her kennt. Wir benutzen die Gedanken Kolmogoroffs[19]), die die Wahrscheinlichkeitsrechnung mit der Mengenlehre verbinden.

1.6.2. Dazu müssen wir zunächst einige Relationen zwischen Ereignissen erklären. Es seien A und B zwei Ereignisse einer Zufallserscheinung.

Definition 1: *Wenn beim Eintreten von A stets auch B eintritt,* sagen wir, *A ziehe B nach sich* oder *A sei Teilereignis von B.* Man schreibt $A \subseteq B$ oder $B \supseteq A$.

Beispiel: Wir betrachten die Zufallserscheinung „Würfelwerfen";

es sei A = Ereignis, „2" zu werfen,

B = Ereignis, „gerade Zahl" zu werfen $\Rightarrow A \subseteq B$.

Definition 2: *Wenn gilt $A \subseteq B$ und $B \subseteq A$, heißen A und B gleichwertig* (oder *gleich*), und wir schreiben $A = B$.

Andernfalls ist $A \neq B$.

Beispiel: Wir betrachten bei der Zufallserscheinung, wo zwei Würfel gleichzeitig geworfen werden, die Summe der getroffenen Augenzahlen. Sei A das Ereignis, daß die getroffene Augensumme eine gerade Zahl ist, und B das Ereignis, daß beide Würfel entweder eine gerade oder beide eine ungerade Zahl zeigen. Dann sind die Ereignisse A und B gleich.

Neben diesen Relationen zwischen Ereignissen erklären wir folgende Verknüpfungsoperationen zwischen zwei Ereignissen A und B einer Zufallserscheinung:

Definition 3: *$A \cup B$ ist dasjenige Ereignis, das genau dann eintritt, wenn wenigstens eines der Ereignisse A oder B eintritt.* D.h. $A \cup B$ tritt genau dann ein, wenn entweder A eintritt oder B eintritt oder beide Ereignisse A und B gleichzeitig eintreten[20]). $A \cup B$ heißt

---

[19]) Andrei Nikolaievič Kolmogoroff, geb. 1903.
[20]) Hier ist also nicht das exklusive „oder" gemeint.

Vereinigungsereignis von A und B. Man schreibt statt $A \cup B$ manchmal auch $A + B$ und spricht von der *Summe* der Ereignisse.

Definition 4: *$A \cap B$ ist dasjenige Ereignis, das genau dann eintritt, wenn beide Ereignisse A und B gleichzeitig eintreten.* D.h. $A \cap B$ tritt genau dann ein, wenn sowohl A als auch B eintritt. $A \cap B$ heißt *Durchschnittsereignis* von A und B.

Man schreibt statt $A \cap B$ manchmal auch AB und spricht vom *Produkt* der Ereignisse.

Wir nennen ein Ereignis *sicher,* wenn es bei jeder Beobachtung der Zufallserscheinung eintritt;

ein Ereignis heißt *unmöglich,* wenn es niemals, also bei keiner Beobachtung der Zufallserscheinung eintreten kann.

Wir benutzen bei jeder Zufallserscheinung für ein sicheres Ereignis den Buchstaben E und für unmögliche Ereignisse das Symbol $\emptyset$.

Die Operationen $\cup$ und $\cap$ liefern dann in jedem Fall wieder ein Ereignis der betrachteten Zufallserscheinung.

Beispiel: Zufallserscheinung „Würfelwerfen mit 2 Würfeln";

sicheres Ereignis: Eine Augensumme $\geqslant 2$ zu werfen;

unmögliches Ereignis: Die Augensumme 14 zu werfen.

Das Ereignis, welches genau dann eintritt, wenn das Ereignis A nicht eintritt, heißt das *Gegenereignis* oder *komplementäre Ereignis* zu A und wird mit $\bar{A}$ bezeichnet[21]).

Es gilt dann

(1) $\bar{\bar{A}} = A$,   (4) $\bar{E} = \emptyset$;

(2) $A \cup \bar{A} = E$;   (5) $\bar{\emptyset} = E$.

(3) $A \cap \bar{A} = \emptyset$;

1.6.3. *Beispiele:* 1.) Wir betrachten die Zufallserscheinung „Würfelwerfen mit 1 Würfel";

---

[21]) Manchmal auch CA.

es sei A = Ereignis „1" zu werfen;

B = Ereignis „3 oder 6" zu werfen (d. h. eine durch 3 teilbare Zahl zu werfen).

Dann wird

a) $A \cup B$ = Ereignis, „1" *oder* „3 oder 6" zu werfen;

b) $A \cap B$ = Ereignis, „1" *und* „3 oder 6" zu werfen, was aber nicht eintreten kann; also $A \cap B = \emptyset$;

c) $\bar{A}$ = Ereignis, „nicht 1" zu werfen, d. h.

$\bar{A}$ = Ereignis, eine der Zahlen „2, 3, 4, 5 oder 6" zu werfen;

d) $\overline{A \cup B}$ = Ereignis, weder „1" noch „3 oder 6" zu werfen, d. h.

$\overline{A \cup B}$ = Ereignis, eine der Zahlen „2, 4 oder 5" zu werfen;

es seien weiter

C = Ereignis, „gerade Zahl" zu werfen, also „2, 4 oder 6" zu werfen;

D = Ereignis, „Zahl $\leqslant 3$" zu werfen, also „1, 2 oder 3" zu werfen.

Dann wird

e) $C \cup D$ = Ereignis, eine der Zahlen „1, 2, 3, 4 oder 6" zu werfen;

f) $\overline{C \cup D}$ = Ereignis, „5" zu werfen;

g) $C \cap D$ = Ereignis, sowohl „gerade Zahl" als auch „Zahl $\leqslant 3$" zu werfen, also „2" zu werfen.

2.) Wir betrachten als weiteres Beispiel einer Zufallserscheinung das zufällige Auswählen eines Punktes innerhalb des Quadrats der Figur 1, der Punkt soll aber nicht auf einem der beiden eingezeichneten Kreise liegen.

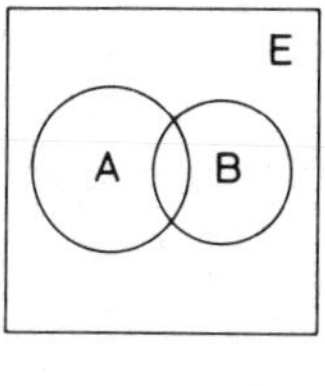

Fig. 1

A bedeute das Ereignis, daß der Punkt innerhalb des linken Kreises liegt, B das Ereignis, daß der Punkt innerhalb des rechten Kreises liegt. Dann veranschaulichen die schraffierten Gebiete (Fig. 2) die folgenden Ereignisse:

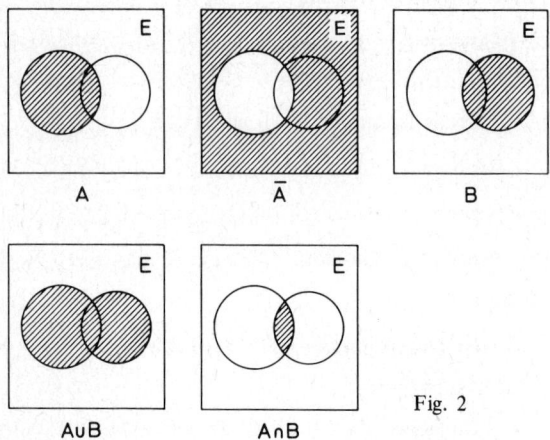

Fig. 2

Auch das erste Beispiel läßt sich in Form eines Diagramms geometrisch interpretieren (Fig. 3). Die sechs Ereignisse, eine der Augen-

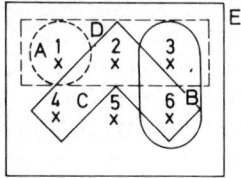

Fig. 3

zahlen 1, 2, ... oder 6 zu werfen, werden durch die sechs diskreten Punkte 1, 2, ..., 6 markiert; E bedeutet dabei das sichere Ereignis.

Solche geometrische Interpretationen von Ereignissen werden als Euler-Venn-Diagramme[22]) bezeichnet.

1.6.4. Aus den oben definierten Verknüpfungen zwischen Ereignissen wollen wir nun einige Folgerungen ziehen (vgl. die analogen Regeln für Mengen in § I).

(6) Aus $A \subseteq B$ und $B \subseteq C \Rightarrow A \subseteq C$;

(7) $A \subseteq A \cup B$;   (8) $A \supseteq A \cap B$;

(9) $A \cup \emptyset = A$;   (10) $A \cap \emptyset = \emptyset$;

(11) $A \cup E = E$;   (12) $A \cap E = A$;

(13) $A \cup A = A$;   (14) $A \cap A = A$ (Idempotenz);

(15) $A \cup B = B \cup A$;   (16) $A \cap B = B \cap A$ (Kom-
                                               mutativgesetze);

(17) $(A \cup B) \cup C = A \cup (B \cup C)$;   (18) $(A \cap B) \cap C = A \cap (B \cap C)$
      (Assoziativgesetze);

man schreibt dann einfach ohne Klammern $A \cup B \cup C$ bzw. $A \cap B \cap C$.

(19) $A \cap (B \cup C) = (A \cap B) \cup (A \cap C)$ ⎫
                                                    ⎬ (Distributivgesetze);
(20) $A \cup (B \cap C) = (A \cup B) \cap (A \cup C)$ ⎭

(21) $A \cup (A \cap B) = A$;   (22) $A \cap (A \cup B) = A$.

Man kann diese Aussagen beweisen, indem man direkt auf die Definitionen 1 bis 4 zurückgeht. Nehmen wir etwa als Beispiel die Beziehung (17). Wir zeigen, daß das Ereignis $(A \cup B) \cup C$ auf der linken Seite von (17) Teilereignis des Ereignisses rechts $A \cup (B \cup C)$ ist, also $(A \cup B) \cup C \subseteq A \cup (B \cup C)$, dann umgekehrt, daß $A \cup (B \cup C) \subseteq (A \cup B) \cup C$ gilt. Nach Definition 2 ist damit $(A \cup B) \cup C = A \cup (B \cup C)$.

a) Um $(A \cup B) \cup C \subseteq A \cup (B \cup C)$ zu zeigen, beachten wir, daß, wenn $(A \cup B) \cup C$ eintritt, das Ereignis $(A \cup B)$ oder das Ereignis C eintritt. Falls $A \cup B$ eintritt, muß A oder B eintreten.

---

[22]) Leonhard Euler 1707–1783; John Venn 1834–1923.

Im Fall des Eintretens von A tritt auch $A \cup (B \cup C)$ ein; falls A nicht eintritt, aber B tritt ein, dann tritt $B \cup C$ und damit auch $A \cup (B \cup C)$ ein. Falls $A \cup B$ nicht eintritt, muß C eintreten, also tritt $B \cup C$ ein und damit auch $A \cup (B \cup C)$.

Somit $(A \cup B) \cup C \subseteq A \cup (B \cup C)$.

b) Um $A \cup (B \cup C) \subseteq (A \cup B) \cup C$ zu zeigen, geht man entsprechend vor.

Die Beweisführung läßt sich folgendermaßen auch in einer Tabelle (Ereignistafel) anordnen: Dabei markieren wir das Eintreten eines Ereignisses durch +, das Nichteintreten durch −.

A	B	C	$B \cup C$	$A \cup (B \cup C)$	$A \cup B$	$(A \cup B) \cup C$
+	+	+	+	+	+	+
+	+	−	+	+	+	+
+	−	+	+	+	+	+
−	+	+	+	+	+	+
+	−	−	−	+	+	+
−	+	−	+	+	+	+
−	−	+	+	+	−	+
−	−	−	−	−	−	−

Vergleich der 5. und letzten Spalte dieses Schemas zeigt, daß [23]) die Ereignisse $A \cup (B \cup C)$ und $(A \cup B) \cup C$ gleichzeitig eintreten bzw. nicht eintreten.

Die Tabelle für den Beweis der Aussage (19) sieht folgendermaßen aus:

A	B	C	$B \cup C$	$A \cap (B \cup C)$	$A \cap B$	$A \cap C$	$(A \cap B) \cup (A \cap C)$
+	+	+	+	+	+	+	+
+	+	−	+	+	+	−	+
+	−	+	+	+	−	+	+
−	+	+	+	−	−	−	−
+	−	−	−	−	−	−	−
−	+	−	+	−	−	−	−
−	−	+	+	−	−	−	−
−	−	−	−	−	−	−	−

---

[23]) Für alle möglichen Kombinationen des Eintretens bzw. Nichteintretens der Ereignisse A, B, C.

Beweis von (21): Wegen $A = A \cap E$ (E = sicheres Ereignis) können wir schreiben

$$A \cup (A \cap B) = (A \cap E) \cup (A \cap B).$$

Aufgrund des Distributivgesetzes (19) wird dann

$$A \cup (A \cap B) = A \cap (E \cup B) = A \cap E = A.$$

Beweis von (22): Wegen $A = A \cup \emptyset$ können wir schreiben

$$A \cap (A \cup B) = (A \cup \emptyset) \cap (A \cup B).$$

Aufgrund von (20) folgt

$$A \cap (A \cup B) = A \cup (\emptyset \cap B) = A.$$

1.6.5. Aufgrund von (17) und (18) lassen sich Vereinigung und Durchschnitt von n ($n > 2$) Ereignissen bilden; man setzt

$$A_1 \cup A_2 \cup \ldots \cup A_n = \bigcup_{j=1}^{n} A_j \text{ und } A_1 \cap A_2 \cap \ldots \cap A_n = \bigcap_{j=1}^{n} A_j.^{24})$$

Auch die Übertragung auf abzählbar unendlich viele Ereignisse ist möglich:

$$\bigcup_{j=1}^{\infty} A_j \quad \text{und} \quad \bigcap_{j=1}^{\infty} A_j.$$

§ 1.7. Weitere Formeln für das Rechnen mit Ereignissen

1.7.1. Wir wollen hier einige Aussagen zusammenstellen, die später gebraucht werden. Zuvor erinnern wir uns noch einmal daran, wann zwei Ereignisse unvereinbar heißen (vgl. 1.2.1.):

---

[24]) Manchmal auch $\sum_{j=1}^{n} A_j$ und $\prod_{j=1}^{n} A_j$.

Definition: *Zwei Ereignisse A und B einer Zufallserscheinung heißen unvereinbar (schließen sich gegenseitig aus), wenn beide nicht
gleichzeitig eintreten können, also wenn $A \cap B = \emptyset$ ist.*

Nun zeigen wir

Satz 1: *Sind A und B zwei Ereignisse einer Zufallserscheinung,
so gilt*

$$A \cup B = A \cup (\bar{A} \cap B);$$

dabei sind A und $(\bar{A} \cap B)$ unvereinbar, also $A \cap (\bar{A} \cap B) = \emptyset$.[25]

Beweis: Wir zeigen in Schritt a) die Relation $A \cup B \subseteq A \cup (\bar{A} \cap B)$ und in
Schritt b) umgekehrt $A \cup (\bar{A} \cap B) \subseteq A \cup B$.

a) Wenn $A \cup B$ eintritt, muß mindestens eines der beiden Ereignisse A oder
B eintreten. Falls A eintritt, folgt $A \cup (\bar{A} \cap B)$ tritt ein. Falls A nicht eintritt und B tritt ein, folgt $(\bar{A} \cap B)$ tritt ein; also $A \cup (\bar{A} \cap B)$ tritt ein. Somit $A \cup B \subseteq A \cup (\bar{A} \cap B)$.

b) Wenn $A \cup (\bar{A} \cap B)$ eintritt, muß mindestens eines der beiden Ereignisse
A oder $(\bar{A} \cap B)$ eintreten. Falls A eintritt, folgt $A \cup B$ tritt ein. Falls
$(\bar{A} \cap B)$ eintritt, folgt $\bar{A}$ und B treten ein; also $A \cup B$ tritt ein.

Somit $A \cup (\bar{A} \cap B) \subseteq A \cup B$.

c) Die Beziehung $A \cap (\bar{A} \cap B) = \emptyset$ erkennt man sofort aus der Tatsache
$A \cap \bar{A} = \emptyset$.

Den Beweis von Satz 1 können wir auch durch eine Ereignistafel erbringen:

A	B	$A \cup B$	$\bar{A}$	$\bar{A} \cap B$	$A \cup (\bar{A} \cap B)$
+	+	+	−	−	+
+	−	+	−	−	+
−	+	+	+	+	+
−	−	−	+	−	−

Die Aussage des Satzes 1 läßt sich auch leicht durch ein Euler-Venn-Diagramm darstellen.

---

[25] Dieser Satz ist ein Spezialfall von Formel (20) in 1.6.4.

Als Folgerung aus Satz 1 erhalten wir sofort

Satz 2: *Ist $A \subseteq B$, so gilt $B = A \cup (\bar{A} \cap B)$.*

Beweis: Wegen $A \subseteq B$ ist $A \cup B = B$.

Wir erwähnen weiter die Beziehungen von De Morgan[26]):

Satz 3: $\overline{A \cup B} = \bar{A} \cap \bar{B}$.

Satz 4: $\overline{A \cap B} = \bar{A} \cup \bar{B}$.

Diese beiden Sätze gelten entsprechend auch für $n > 2$ Ereignisse.

In Worten bedeutet Satz 3, daß das Gegenereignis der Vereinigung von Ereignissen gleich dem Durchschnitt der einzelnen Gegenereignisse ist.

Entsprechend sagt Satz 4, daß das Gegenereignis des Durchschnitts von Ereignissen gleich der Vereinigung der einzelnen Gegenereignisse ist.

Die Beweise können ebenso wie in § I für Mengen geführt werden, man kann die Aussagen aber auch mit einer Ereignistafel herleiten.

Die Sätze 3 und 4 gelten auch für (abzählbar) unendlich viele Ereignisse $A_1, A_2, \ldots$:

Satz 3′: $\overline{\bigcup_{j=1}^{\infty} A_j} = \bigcap_{j=1}^{\infty} \bar{A}_j$.

Satz 4′: $\overline{\bigcap_{j=1}^{\infty} A_j} = \bigcup_{j=1}^{\infty} \bar{A}_j$.

Zum Beweis siehe die entsprechende Aussage für Mengen in § I.

Satz 5: $(A \cap B) \cup (\bar{A} \cap B) = B$;

dabei sind $(A \cap B)$ und $(\bar{A} \cap B)$ unvereinbare Ereignisse, d. h. $(A \cap B) \cap (\bar{A} \cap B) = \emptyset$.

---

[26]) Augustus De Morgan, 1806–1871.

Beweis: Entweder direkt aus einer Ereignistafel oder mit Hilfe von (19) in § 1.6. wie folgt:

$$(A \cap B) \cup (\bar{A} \cap B) = (B \cap A) \cup (B \cap \bar{A}) = B \cap (A \cup \bar{A}) = B \cap E = B.$$

Daß $(A \cap B) \cap (\bar{A} \cap B) = \emptyset$ erkennt man aus $A \cap \bar{A} = \emptyset$.

§ 1.8. Zusammengesetzte und elementare Ereignisse — Der Ereignisraum Ω

1.8.1. Jedes Ereignis A einer Zufallserscheinung läßt sich sicher darstellen als $A = A \cup \emptyset$ und $A = A \cup A$; man nennt diese Darstellungen „triviale" Zerlegungen von A. Wir erklären:

Definition 1: *Ein Ereignis A einer Zufallserscheinung heißt zusammengesetztes Ereignis, wenn A dargestellt werden kann als*

(1) $A = B \cup C,$

wobei B und C Ereignisse dieser Zufallserscheinung sind und $B \neq A$ und $C \neq A$ gilt.

Definition 2: *Ein Ereignis einer Zufallserscheinung heißt Elementarereignis (dieser Zufallserscheinung), wenn es kein zusammengesetztes Ereignis ist. Das unmögliche Ereignis $\emptyset$ ist kein Elementarereignis.*

Definition 3: *Die Menge aller Elementarereignisse einer Zufallserscheinung wird ihr Ereignisraum*[27]) *genannt* und oft mit dem Symbol Ω bezeichnet. Die Elemente von Ω, also die Elementarereignisse, bezeichnen wir mit ω.

Wir betrachten als *Beispiele:*

(I)   die Zufallserscheinung „Würfelwerfen";

(II) die Zufallserscheinung „Münzewerfen";

---

[27]) Manchmal auch Stichprobenraum.

(III) die Zufallserscheinung, das Gewicht von maschinell ab-
gepackten 1 kg-Paketen zu bestimmen.

Im Fall

(I) können wir für Ω nehmen die 6 Ereignisse

ω_1 = „Werfen einer 1"; ω_2 = „Werfen einer 2"; ...; ω_6 = „Werfen einer 6"; also Ω = $\{\omega_1, \omega_2, \omega_3, \omega_4, \omega_5, \omega_6\}$;

(II) können wir für Ω nehmen die 2 Ereignisse

ω_1 = „Werfen von Zahl"; ω_2 = „Werfen von Wappen"; also
Ω = $\{\omega_1, \omega_2\}$;

(III) kann Ω bestehen aus allen möglichen Gewichten in einem
bestimmten Intervall $[a, b]$ um 1 kg; denn durch Ungenauigkeiten
beim Arbeiten der Maschine und Abweichungen des verarbeiteten
Materials wird das Gewicht nicht exakt 1 kg sein, sondern um die-
sen Wert schwanken, also Ω = $\{\omega \mid a \leqslant \omega \leqslant b\}$.

In den ersten beiden Fällen ist Ω eine endliche Menge, in Fall (III)
ist Ω unendlich.

In der Wahl des Ereignisraumes Ω für eine bestimmte Zufallserscheinung
hat man noch eine gewisse Freiheit, denn Ω hängt davon ab, was man als
mögliche Ereignisse bei der Zufallserscheinung betrachten will. Interessiert
man sich im Beispiel (I) bei der Zufallserscheinung „Würfelwerfen" etwa
nur dafür, ob man 1 oder 2 oder 3 oder eine Zahl größer als 3 wirft, so
wird man als Elementarereignisse nehmen

ω_1^* = „Werfen einer 1"; ω_2^* = „Werfen einer 2", ω_3^* = „Werfen einer 3"
und ω_4^* = „Werfen einer Zahl > 3". Also besteht der Ereignisraum
Ω = $\{\omega_1^*, \omega_2^*, \omega_3^*, \omega_4^*\}$ nun aus 4 Elementen.

Ebenso kann man sich bei Beispiel (III) etwa nur dafür interessieren, ob
das Gewicht der Pakete weniger als 1 kg oder mindestens 1 kg beträgt. Bei
dieser Betrachtungsweise wird man als Elementarereignisse einführen

ω_1^* = Ereignis, daß das Gewicht < 1 kg ist;
ω_2^* = Ereignis, daß das Gewicht $\geqslant$ 1 kg ist.

Der Ereignisraum Ω = $\{\omega_1^*, \omega_2^*\}$ ist jetzt endlich und besteht aus 2 Elementen.

1.8.2. Nun betrachtet man bei der Zufallserscheinung „Würfelwerfen" mit dem Ereignisraum $\Omega = \{\omega_1, \ldots, \omega_6\}$ z. B. auch das Ereignis A, „eine 5 oder eine 6" zu werfen oder das Ereignis B, eine „gerade Zahl" zu werfen. Das Ereignis A können wir mit Hilfe der Elementarereignisse ω_5 und ω_6 schreiben als $A = \omega_5 \cup \omega_6$ und das Ereignis B mit Hilfe von ω_2, ω_4 und ω_6 als $B = \omega_2 \cup \omega_4 \cup \omega_6$. Die Ereignisse A und B lassen sich also durch geeignete Teilmengen der Menge Ω aller Elementarereignisse darstellen, und wir können als Mengen schreiben $A = \{\omega_5, \omega_6\}$ und $B = \{\omega_2, \omega_4, \omega_6\}$.

Um nun allgemein alle bei einer Zufallserscheinung auftretenden Ereignisse zu erhalten, bilden wir aus der Menge Ω alle möglichen Teilmengen mit Elementen $\omega \in \Omega$. Das System[28]) aller möglichen Teilmengen von Ω (einschließlich der leeren Menge $\emptyset$ und der Menge Ω selbst) ist die *Potenzmenge* $\mathfrak{P}$ (Ω). Die leere Menge $\emptyset$ stellt das unmögliche Ereignis $\emptyset$ dar und die Menge Ω das sichere Ereignis E. Falls Ω eine endliche Menge ist und aus n Elementen besteht, enthält $\mathfrak{P}$ (Ω) nach Satz 9 in § 1.3. genau 2^n Elemente. Wenn Ω abzählbar unendlich viele Elemente enthält, besteht $\mathfrak{P}$ (Ω) aus unendlich vielen Elementen und ist von der Mächtigkeit des Kontinuums.

1.8.3. Gleichwertig mit Definition 2 ist folgende

Definition 4: *Ein Ereignis $A \neq \emptyset$ einer Zufallserscheinung ist genau dann Elementarereignis, wenn es kein Ereignis B dieser Zufallserscheinung $(B \neq \emptyset; B \neq A)$ gibt, das Teilereignis von A ist; also es gibt kein B mit $B \subseteq A$ $(B \neq \emptyset; B \neq A)$.*

Beweis der Gleichwertigkeit der beiden Definitionen: Wir zeigen a), daß aus Definition 2 Definition 4 folgt, und dann umgekehrt b), daß aus Definition 4 Definition 2 folgt.

a) Ist A Elementarereignis nach Definition 2, dann kann es kein Ereignis $B \subseteq A$ $(B \neq \emptyset, B \neq A)$ geben, denn sonst wäre $A \cap \bar{B} \neq A$, und man hätte durch $A = B \cup (A \cap \bar{B})$ eine Darstellung der Form (1) für A.

---

[28]) Eine Menge von Mengen bezeichnet man oft als System von Mengen.

b) Ist A Elementarereignis nach Definition 4, dann kann es keine Darstellung der Form (1) für A geben.

Eine weitere Möglichkeit, Elementarereignisse zu charakterisieren, bietet die

Definition 5: *Ein Ereignis $A \neq \emptyset$ einer Zufallserscheinung ist genau dann Elementarereignis, wenn für ein beliebiges Ereignis B dieser Zufallserscheinung entweder $A \cap B = \emptyset$ oder $A \cap B = A$ gilt.*

Die Äquivalenz mit Definition 4 erkennt man leicht.

Man beweist folgenden

Satz: *Zwei verschiedene Elementarereignisse A_1 und A_2 einer Zufallserscheinung sind unvereinbar. Also: Der Durchschnitt zweier verschiedener Elementarereignisse A_1 und A_2 ist $\emptyset$; d. h. für $A_1 \neq A_2$ gilt $A_1 \cap A_2 = \emptyset$.*

Beweis: Jedenfalls ist $A_1 \cap A_2 \subseteq A_1$. Sind nun A_1 und A_2 Elementarereignisse, so ist nach Definition 5 entweder $A_1 \cap A_2 = \emptyset$ oder $A_1 \cap A_2 = A_1$. Letzteres ist aber unmöglich, da sonst $A_1 \subseteq A_2$, was wegen $A_1 \neq \emptyset$ und $A_1 \neq A_2$ nicht zutreffen kann.

§ 1.9. Vollständige Systeme von Ereignissen

1.9.1. Wir geben in diesem Paragraphen einige Definitionen, die öfter benutzt werden.

Definition 1: *Gilt für ein Ereignis A einer Zufallserscheinung*

$$A = A_1 \cup A_2 \cup \dots,$$

wobei alle Ereignisse A_i, A_j paarweise unvereinbar sind, d. h. es gilt $A_i \cap A_j = \emptyset$ für alle $i \neq j$, und wobei $A_i \neq \emptyset$ ist für alle $i = 1, 2, \dots$, dann heißt das Ereignis A in die Teilereignisse A_1, A_2, ... zerlegt.[29])

[29]) Die Menge $\{A_1, A_2, \dots\}$ dieser Ereignisse kann endlich oder unendlich sein.

Beispiel: Die Zufallserscheinung sei wieder Würfelwerfen. Sei A = Ereignis, „gerade Zahl" zu werfen;

A_1 = Ereignis, „2" zu werfen; A_2 = Ereignis, „4 oder 6" zu werfen; dann ist $A = A_1 \cup A_2$.

Definition 2: *Eine Menge* $\{A_1, A_2, \ldots\}$ *von Ereignissen einer Zufallserscheinung heißt vollständiges System von Ereignissen, wenn gilt*

(1) $A_1 \cup A_2 \cup \ldots = E$ (*E = sicheres Ereignis*);

(2) $A_i \cap A_j = \emptyset$ *für alle* $i \neq j$;

(3) $A_i \neq \emptyset$ *für alle* $i = 1, 2, \ldots$

M.a.W. ist also E in die Teilereignisse A_1, A_2, ... zerlegt.

In Figur 1 ist die Zerlegung von E durch ein vollständiges System bildlich dargestellt.

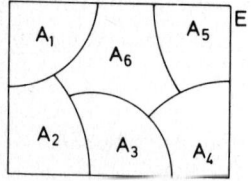

Fig. 1

Beispiele: Die Zufallserscheinung sei Würfelwerfen.

1.) Seien A_1, A_2, ..., A_6 die Ereignisse, „1", „2", ..., „6" zu werfen; dann bildet $\{A_1, A_2, \ldots, A_6\}$ ein vollständiges System.

Allgemein bildet die Menge Ω der Elementarereignisse ein vollständiges System.

2.) Nimmt man B_1 = Ereignis, „gerade Zahl" zu werfen und B_2 = Ereignis, „ungerade Zahl" zu werfen, so bilden $\{B_1, B_2\}$ ebenfalls ein vollständiges System.

Ist A ein beliebiges Ereignis einer Zufallserscheinung, $A \neq \emptyset$, $A \neq E$, so ist allgemein $\{A, \bar{A}\}$ ein vollständiges System.

3.) Ist C_1 = Ereignis, „1 oder 3" zu werfen; C_2 = Ereignis, „gerade Zahl" zu werfen, C_3 = Ereignis, „5" zu werfen, so ist $\{C_1, C_2, C_3\}$ ein vollständiges System.

Wir wollen beweisen

Satz 1: *Ist $\{A_1, A_2, \ldots\}$ ein vollständiges System von Ereignissen einer Zufallserscheinung und A ein beliebiges Ereignis dieser Zufallserscheinung, so sind $(A \cap A_i)$ und $(A \cap A_j)$ unvereinbar für je zwei beliebige Ereignisse $A_i \neq A_j$ des vollständigen Systems. Also*

$$(A \cap A_i) \cap (A \cap A_j) = \emptyset \text{ für alle } i \neq j.$$

Beweis: $(A \cap A_i) \cap (A \cap A_j) = A \cap A_i \cap A \cap A_j =$
$= (A \cap A) \cap (A_i \cap A_j) = A \cap \emptyset = \emptyset$.

Satz 2: *Ist $\{A_1, A_2, \ldots\}$ ein vollständiges System und A ein beliebiges Ereignis der Zufallserscheinung, so läßt sich A schreiben als*

$$A = (A \cap A_1) \cup (A \cap A_2) \cup \ldots = \bigcup_{j=1, 2, \ldots} (A \cap A_j).$$

Der *Beweis* ergibt sich aus Eigenschaft (1) wie folgt: Aus

$$E = A_1 \cup A_2 \cup \ldots \Rightarrow A \cap E = A \cap (A_1 \cup A_2 \cup \ldots)$$

und indem man rechts die Distributivität benutzt

$$A = (A \cap A_1) \cup (A \cap A_2) \cup \ldots$$

Eine geometrische Interpretation von Satz 2 zeigt Fig. 2.

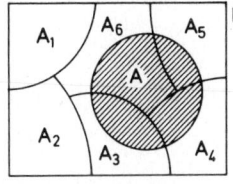

Fig. 2

Zur Illustration von Satz 2 benutzen wir das 3. Beispiel von oben. Ist A das Ereignis, eine „Zahl $\geqslant 4$" zu werfen, so ist

$A \cap C_1 = \emptyset$; $A \cap C_2 =$ Ereignis, „4 oder 6" zu werfen; $A \cap C_3 =$ Ereignis, „5" zu werfen;

$$\Rightarrow A = \bigcup_{j=1}^{3} (A \cap C_j).$$

§ 1.10. Ereignisalgebra

1.10.1. Häufig braucht man bei einer Zufallserscheinung mit gegebenem Ereignisraum Ω nicht alle zugehörigen Ereignisse zu betrachten, sondern es genügt, nur eine Teilmenge davon zu nehmen.

Außerdem ist die Menge $\mathfrak{P}\,(\Omega)$ aller möglichen Ereignisse einer Zufallserscheinung bisweilen zu mächtig, um darauf sinnvoll Wahrscheinlichkeiten definieren zu können. Man beschränkt sich daher auf eine geeignete Teilmenge von $\mathfrak{P}\,(\Omega)$. Andererseits kommt man für die Fragen in den Anwendungen mit dieser Beschränkung vollkommen aus. Wir treffen folgende Definition einer *Ereignisalgebra:*

Definition: *Eine Menge $\mathfrak{A}$ von Ereignissen einer Zufallserscheinung heißt eine Ereignisalgebra, wenn folgende Bedingungen erfüllt sind:*

(1)   *Das sichere Ereignis $E \in \mathfrak{A}$;[30])*

(2)   *aus $A \in \mathfrak{A}$ und $B \in \mathfrak{A} \Rightarrow A \cup B \in \mathfrak{A}$;*

(3)   *ist $\bar{A}$ das Komplementärereignis von A, dann aus $A \in \mathfrak{A} \Rightarrow \bar{A} \in \mathfrak{A}$.*

Beispiel: Bei der Zufallserscheinung „Würfelwerfen" seien $\omega_1, \omega_2, \ldots, \omega_6$ die Ereignisse 1, 2, ..., 6 zu werfen. Dann bildet

---

[30]) Somit ist $\mathfrak{A}$ nicht leer.

folgende Menge $\mathfrak{A}$ eine Ereignisalgebra ($\emptyset$ = unmögliches, E = sicheres Ereignis):

$\mathfrak{A} = \{E,\ \omega_2,\ \omega_4,\ \omega_6,$

$\qquad \omega_2 \cup \omega_4,\ \omega_2 \cup \omega_6,\ \omega_4 \cup \omega_6,$

$\qquad \omega_2 \cup \omega_4 \cup \omega_6,$

$\qquad \omega_1 \cup \omega_3 \cup \omega_4 \cup \omega_5 \cup \omega_6{}^{31})\ ,\ \omega_1 \cup \omega_2 \cup \omega_3 \cup \omega_5 \cup \omega_6,$

$\qquad \omega_1 \cup \omega_2 \cup \omega_3 \cup \omega_4 \cup \omega_5,$

$\qquad \omega_1 \cup \omega_3 \cup \omega_5 \cup \omega_6,\ \omega_1 \cup \omega_3 \cup \omega_4 \cup \omega_5,\ \omega_1 \cup \omega_2 \cup \omega_3 \cup \omega_5,$

$\qquad \omega_1 \cup \omega_3 \cup \omega_5,\ \emptyset\}.$

Diese besteht aus 16 Elementen, währenddem die ganze Potenzmenge der Menge der Ereignisse ω_1, ω_2, ..., ω_6 aus $2^6 = 64$ Elementen besteht. Die Menge aller möglichen Ereignisse einer Zufallserscheinung bildet offenbar auch eine Ereignisalgebra.

Als Folgerung aus den Bedingungen (1) bis (3) wollen wir folgenden

Satz herleiten: *Sei $\mathfrak{A}$ eine Ereignisalgebra und $A \in \mathfrak{A}$, $B \in \mathfrak{A}$. Dann ist auch $A \cap B \in \mathfrak{A}$ und $\emptyset \in \mathfrak{A}$.*

Beweis. a) Es gilt für zwei Ereignisse A und B die Beziehung $A \cap B = \overline{\bar{A} \cup \bar{B}}{}^{32})$ (Satz 4 in § 1.7.).

Aus $A \in \mathfrak{A}$ und $B \in \mathfrak{A}$ mit (3) $\Rightarrow \bar{A} \in \mathfrak{A}$ und $\bar{B} \in \mathfrak{A}$; mit (2) $\Rightarrow \bar{A} \cup \bar{B} \in \mathfrak{A}$; mit (3) $\Rightarrow \overline{\bar{A} \cup \bar{B}} = A \cap B \in \mathfrak{A}$.

b) Nach (1) ist $E \in \mathfrak{A}$; nach (3) $\rightarrow \bar{E} = \emptyset \in \mathfrak{A}$.

Damit ist der Satz bewiesen.

Durch vollständige Induktion zeigt man weiterhin, daß dann mit n Ereignissen A_1, ..., $A_n \in \mathfrak{A}$ auch deren Vereinigung und deren Durchschnitt $\in \mathfrak{A}$ ist.

---

[31]) $= \bar{\omega}_2$.

[32]) Gleichbedeutend mit $\overline{A \cap B} = \bar{A} \cup \bar{B}$.

§ 1.11. Ereignisalgebra
über einem endlichen Ereignisraum Ω

1.11.1. Wir betrachten jetzt eine Ereignisalgebra über einem Ereignisraum Ω, welcher nur endlich viele Elemente besitzt und demzufolge auch nur endlich viele Elementarereignisse hat.

Zuerst zeigen wir den

Satz 1: *Zu jedem Ereignis $A \neq \emptyset$ einer Ereignisalgebra $\mathfrak{A}$ über einem Ereignisraum Ω mit endlich vielen Ereignissen gibt es ein Elementarereignis $\omega \subseteq A$.*

Beweis: Ist A Elementarereignis, dann nehme man $\omega = A$. Ist A kein Elementarereignis, dann gibt es nach Definition 4 in § 1.8. ein Ereignis B_1 mit $B_1 \subseteq A$; $B_1 \neq \emptyset$, $B_1 \neq A$; ist B_1 Elementarereignis, dann nehme man $\omega = B_1$. Ist B_1 kein Elementarereignis, dann erhält man nach obiger Schlußweise ein Ereignis B_2 mit $B_2 \subseteq B_1$; $B_2 \neq \emptyset$, $B_2 \neq B_1$. Da Ω endlich ist, erhält man auf diese Weise nach endlich vielen Schritten ein Elementarereignis $\omega \subseteq A$.

Wir zeigen nun folgenden

Satz 2: *Jedes Ereignis $A \neq \emptyset$ einer Ereignisalgebra $\mathfrak{A}$ über einem endlichen Ereignisraum Ω läßt sich bis auf die Reihenfolge eindeutig als Vereinigung von Elementarereignissen $\omega^{(1)}$, $\omega^{(2)}$, ..., $\omega^{(s)}$ darstellen; also*

(1) $A = \omega^{(1)} \cup \omega^{(2)} \cup \ldots \cup \omega^{(s)}$.

Beweis: a) *Möglichkeit* einer Darstellung (1): Ist A Elementarereignis, dann haben wir $A = \omega^{(1)}$. – Ist A kein Elementarereignis, dann gibt es nach Satz 1 ein Elementarereignis $\omega^{(1)} \subseteq A$, $\omega^{(1)} \neq A$. Also ist

$$A = \omega^{(1)} \cup \overline{(\omega^{(1)}} \cap A) = \omega^{(1)} \cup B_1.$$

Ist B_1 Elementarereignis, so setzen wir $B_1 = \omega^{(2)}$ und haben mit $A = \omega^{(1)} \cup \omega^{(2)}$ eine Darstellung (1).

Ist B_1 kein Elementarereignis, dann erhalten wir wieder nach Satz 1 ein Elementarereignis $\omega^{(2)} \subseteq B_1$, $\omega^{(2)} \neq B_1$. Also ist

$$A = \omega^{(1)} \cup \omega^{(2)} \cup B_2.$$

Nun wenden wir weiter dieselbe Schlußweise an. Da Ω endlich viele Ereignisse enthält, folgt nach endlich vielen Schritten eine Darstellung (1).

b) Beweis der *Eindeutigkeit* der Darstellung (1): Gäbe es zwei wesentlich verschieden Darstellungen [33])

(2) $A = \omega^{(1)} \cup \omega^{(2)} \cup \ldots \cup \omega^{(s)} = \omega'^{(1)} \cup \omega'^{(2)} \cup \ldots \cup \omega'^{(t)}$.

O. B. d. A. sei $\omega^{(1)} \neq \omega'^{(j)}$ $(j = 1, \ldots, t)$; dann aus (2)

$\Rightarrow \; \omega^{(1)} \cap (\omega^{(1)} \cup \ldots \cup \omega^{(s)}) = \omega^{(1)} \cap (\omega'^{(1)} \cup \ldots \cup \omega'^{(t)})$.

Links erhält man $\omega^{(1)}$ und rechts wegen des Satzes in § 1.8. das unmögliche Ereignis $\emptyset$. Das ist aber ein Widerspruch.

Man nennt diese Darstellung (1) auch die *kanonische Darstellung* des Ereignisses A.

1.11.2. Mittels der kanonischen Darstellung haben wir eine völlige Übersicht über einen endlichen Ereignisraum. Ein zusammengesetztes Ereignis, welches Vereinigungsereignis von elementaren Ereignissen ist, kann nun durch die Menge dieser Elementarereignisse charakterisiert werden. Auf diese Weise wird jedem Ereignis A eine Menge zugeordnet, nämlich die Menge der Elementarereignisse, als deren Vereinigung sich das Ereignis A darstellen läßt. Sind A und B zwei Ereignisse einer Zufallserscheinung, so wird dem Ereignis $A \cup B$ die Vereinigung der zu A und B zugehörigen Mengen und dem Ereignis $A \cap B$ der Durchschnitt dieser Mengen zugeordnet. Bei dieser Zuordnung der Ereignisse zu den Mengen von Elementarereignissen entsprechen die Elementarereignisse selbst den Mengen mit einem einzigen Element. Dem unmöglichen Ereignis entspricht die leere Menge, dem sicheren Ereignis die Menge Ω aller Elementarereignisse (der betrachteten Zufallserscheinung). Ferner ist dem Gegenereignis $\bar{A}$ von A die Komplementärmenge der zu A gehörigen Menge bezüglich Ω zuzuordnen.

§ 1.12. Mengenalgebra

1.12.1. Statt Ereignisse zu betrachten, können wir also nun Mengen (und zwar Mengen von Elementarereignissen) untersuchen.

Wir definieren in Analogie zur Ereignisalgebra den Begriff Mengenalgebra:

---

[33]) D. h. Darstellungen, die sich nicht nur in der Reihenfolge der Elementarereignisse unterscheiden.

Definition: *Ein System[34]) $\mathfrak{A}$ von Teilmengen einer Menge Ω heißt eine Mengenalgebra, wenn folgende Bedingungen erfüllt sind:*

(1) $\Omega \in \mathfrak{A}$;

(2)   *aus $A \in \mathfrak{A}$ und $B \in \mathfrak{A} \Rightarrow A \cup B \in \mathfrak{A}$;*

(3)   *ist $\bar{A}$ die Komplementärmenge von A bezüglich Ω, dann aus $A \in \mathfrak{A} \Rightarrow \bar{A} \in \mathfrak{A}$.[35])*

Entsprechend wie bei einer Ereignisalgebra beweist man den

Satz 1: *Sei $\mathfrak{A}$ eine Mengenalgebra und $A \in \mathfrak{A}$, $B \in \mathfrak{A}$. Dann ist auch $A \cap B \in \mathfrak{A}$ und $\emptyset \in \mathfrak{A}$.*

Durch vollständige Induktion zeigt man weiterhin, daß dann mit n Mengen $A_1, \ldots, A_n \in \mathfrak{A}$ auch deren Vereinigung und deren Durchschnitt $\in \mathfrak{A}$ ist.

Das System $\mathfrak{P}(\Omega)$ aller Teilmengen einer Menge Ω (Potenzmenge von Ω) heißt *vollständige Mengenalgebra*. Ist Ω endlich und besteht Ω aus r Elementen, dann enthält die vollständige Mengenalgebra 2^r Elemente (die leere Menge $\emptyset$ und die Menge Ω selbst mitgezählt).

1.12.2. Nun gilt nicht nur für Ereignisalgebren über einem endlichen Ereignisraum Ω, sondern ganz allgemein der Satz, daß sich jeder Ereignisalgebra $\mathfrak{A}$ eine Mengenalgebra von Teilmengen einer Menge Ω zuordnen läßt. Man nennt dann die Ereignisalgebra „isomorph" zu der Mengenalgebra[36]). Dieser Satz stammt von *Stone*.

Wir können also ohne Einschränkung der Allgemeinheit der Betrachtungen weiterhin annehmen, daß Ereignisse immer durch Mengen repräsentiert werden können. Somit haben wir die Möglichkeit,

---

[34]) Eine Menge von Mengen bezeichnet man häufig als System von Mengen.
[35]) Also $\mathfrak{A} \subseteq \mathfrak{P}(\Omega)$. – Da $\Omega \in \mathfrak{A}$, ist $\mathfrak{A}$ nicht leer.
[36]) Damit ist für Ereignisse auch die Bezeichnungsweise $A \cup B$ und $A \cap B$ gerechtfertigt.

das Instrumentarium der Mengenlehre in der Wahrscheinlichkeitsrechnung anzuwenden.

1.12.3. Manchmal wird statt einer Mengenalgebra auch der Begriff *Borel-scher Mengenkörper* eingeführt. Dazu benötigen wir zunächst noch den Begriff der *Differenz* von Mengen:

Definition: *Unter der Differenz der Mengen A und B versteht man die Menge*

$$A - B = A \cap \bar{B}.$$

Beispiel: $A = \{2, 4, 6\}$; $B = \{1, 2, 3\}$; $\Omega = \{1, 2, 3, 4, 5, 6\}$. Dann wird $\bar{B} = \{4, 5, 6\}$ und $A - B = \{4, 6\}$.

Ein Borelscher Mengenkörper wird nun folgendermaßen

definiert: Ein System $\mathfrak{S}$ von Teilmengen einer Menge Ω[37]) heißt Borelscher Mengenkörper, wenn folgende Bedingungen erfüllt sind:

(1′) $\Omega \in \mathfrak{S}$;

(2′) $\emptyset \in \mathfrak{S}$;

(3′)   *aus $A \in \mathfrak{S}$ und $B \in \mathfrak{S} \Rightarrow A \cup B \in \mathfrak{S}$;*

(4′)   *aus $A \in \mathfrak{S}$ und $B \in \mathfrak{S} \Rightarrow A - B \in \mathfrak{S}$;*

(5′)   *aus $A \in \mathfrak{S}$ und $B \in \mathfrak{S} \Rightarrow A \cap B \in \mathfrak{S}$.*

Wir wollen nun zeigen, daß die Definitionen „Borelscher Mengenkörper" und „Mengenalgebra" gleichwertig sind.

Beweis: a) Wir zeigen, daß aus den Eigenschaften (1) bis (3) einer Mengenalgebra die Eigenschaften (1′) bis (5′) eines Borelschen Mengenkörpers folgen:

(1′) ist gleichlautend mit (1);

wenn $\Omega \in \mathfrak{A} \Rightarrow \bar{\Omega} = \emptyset \in \mathfrak{A}$ nach (3); also (2′) gilt;

(3′) ist gleichlautend mit (2);

wenn $A \in \mathfrak{A}$ und $B \in \mathfrak{A} \Rightarrow \bar{B} \in \mathfrak{A}$ nach (3); $\Rightarrow A \cap \bar{B} \in \mathfrak{A}$ nach Satz 1; also $A \cap \bar{B} = A - B \in \mathfrak{A}$ und somit gilt (4′);

wenn $A \in \mathfrak{A}$ und $B \in \mathfrak{A} \Rightarrow A \cap B \in \mathfrak{A}$ nach Satz 1; also gilt (5′).

---

[37]) Also $\mathfrak{S} \subseteq \mathfrak{P}(\Omega)$.

b) Nun zeigen wir, daß aus den Eigenschaften (1') bis (5') die Eigenschaften (1) bis (3) folgen:

(1) ist mit (1') gleichlautend;

(2) ist mit (3') gleichlautend;

wenn $A \in \mathfrak{S}$, dann wegen $\Omega \in \mathfrak{S} \Rightarrow \Omega - A = \bar{A} \in \mathfrak{S}$; also gilt (3).

§ 1.13. σ-Algebra

1.13.1. Falls der Ereignisraum Ω einer Zufallserscheinung aus unendlich vielen Elementen besteht, muß man für die Zwecke der Wahrscheinlichkeitsrechnung die Begriffe der Ereignisalgebra und der Mengenalgebra etwas verallgemeinern. Wir definieren:

Definition 1: *Eine Ereignisalgebra* $\mathfrak{A}$ *heißt σ-Ereignisalgebra* [38]), *wenn für abzählbar unendlich viele Ereignisse* $A_j \in \mathfrak{A}$ ($j = 1, 2, \ldots$)[39])

auch gilt $\bigcup\limits_{j\,=\,1}^{\infty} A_j \in \mathfrak{A}$. (Abgeschlossenheit von $\mathfrak{A}$ bei der Bildung von Vereinigungen aus abzählbar unendlich vielen Ereignissen.)

Entsprechend formulieren wir

Definition 2: *Eine Mengenalgebra* $\mathfrak{A}$ *heißt σ-Mengenalgebra* [40]), *wenn für abzählbar unendlich viele Mengen* $A_j \in \mathfrak{A}$ ($j = 1, 2, \ldots$)[41])

auch gilt $\bigcup\limits_{j\,=\,1}^{\infty} A_j \in \mathfrak{A}$.

Bemerkung: Für den Fall einer endlichen Ereignisalgebra bzw. Mengenalgebra fallen diese Definitionen mit den früheren zusammen.

---

[38]) Manchmal auch ,,Borelsche Ereignisalgebra".
[39]) Also für *jede Folge* von Ereignissen $A_j \in \mathfrak{A}$.
[40]) Manchmal auch ,,Borelsche Mengenalgebra".
[41]) Also für *jede Folge* von Mengen $A_j \in \mathfrak{A}$.

Wir werden weiterhin nicht mehr Ereignisalgebra und Mengenalgebra unterscheiden und kurz von einer σ-Algebra sprechen.

In Analogie zu den früheren Sätzen folgern wir den

Satz: *Ist $\mathfrak{A}$ eine σ-Algebra und $A_j \in \mathfrak{A}$ $(j = 1, 2, \ldots)$, dann ist auch $\bigcap_{j=1}^{\infty} A_j \in \mathfrak{A}$.*

Beweis: Wir benutzen Satz 4' aus § 1.7.

$$\bigcap_{j=1}^{\infty} A_j = \overline{\bigcup_{j=1}^{\infty} \bar{A}_j}.$$

Da nun $\mathfrak{A}$ eine σ-Algebra ist, ist mit $A_j \in \mathfrak{A}$ auch $\bar{A}_j \in \mathfrak{A}$. Dann ist auch

$$\bigcup_{j=1}^{\infty} \bar{A}_j \in \mathfrak{A} \text{ und } \overline{\bigcup_{j=1}^{\infty} \bar{A}_j} = \bigcap_{j=1}^{\infty} A_j \in \mathfrak{A},$$ womit der Satz bewiesen ist.

1.13.2. *Beispiele für σ-Algebren:* 1.) Das System aller Teilmengen einer Menge Ω, also die Potenzmenge $\mathfrak{P}(\Omega)$, ist trivialerweise eine σ-Algebra. Diese σ-Algebra ist praktisch nur dann von Bedeutung, wenn die Menge Ω endlich oder abzählbar unendlich ist.

2.) Ist Ω gleich der Menge $\mathbb{R}$ der reellen Zahlen, so interessiert für die Anwendungen der Praxis vor allem eine solche σ-Algebra, die alle Intervalle[42] enthält. Da die Komplementärmenge eines Intervalls kein Intervall ist, bildet das System aller Intervalle reeller Zahlen allein sicher keine σ-Algebra. Man kann aber beweisen, daß es ein „kleinstes" System von Teilmengen $\subseteq \mathbb{R}$ gibt, das einerseits alle Intervalle[42] als Elemente enthält und andererseits auch σ-Algebra ist. Dieses System heißt die *σ-Algebra der Borel-Mengen* reeller Zahlen und seine Elemente die *Borel-Mengen*.

---

[42] Offene, abgeschlossene und halboffene Intervalle, d.h. alle Intervalle $\{a \leqslant x \leqslant b\}$, $\{a < x < b\}$, $\{a \leqslant x < b\}$ und $\{a < x \leqslant b\}$.

§ 1.14. Definition der Wahrscheinlichkeit

1.14.1. Nach diesen Vorbereitungen wollen wir nun den Wahrscheinlichkeitsbegriff axiomatisch einführen. Man ordnet dabei Ereignissen reelle Zahlen zu, wobei man bei dieser Abbildung verlangen wird, daß die Eigenschaften, welche man vom klassischen Wahrscheinlichkeitsbegriff her kennt, erhalten bleiben.

Wir gehen von einer Menge (Grundmenge) Ω aus[43]). Ω kann als Ereignisraum und die Elemente $\omega \in \Omega$ können als Elementarereignisse einer Zufallserscheinung interpretiert werden. Die Teilmengen von Ω, also die Elemente der Potenzmenge $\mathfrak{P}(\Omega)$, sind dann die Ereignisse der Zufallserscheinung, insbesondere ist die leere Menge $\emptyset$ das unmögliche Ereignis und Ω selbst das sichere Ereignis.

1.14.2. Wir betrachten jetzt zuerst den Fall, daß aus $\mathfrak{P}(\Omega)$ eine endliche Mengenalgebra $\mathfrak{A}$ ausgezeichnet wird[44]). Wir definieren:

Definition 1: *Sei $\mathfrak{A} \subseteq \mathfrak{P}(\Omega)$ eine Mengenalgebra. Eine auf $\mathfrak{A}$ definierte reellwertige Funktion $P(\cdot)$, also*

$$P : \mathfrak{A} \to \mathbb{R},$$

heißt Wahrscheinlichkeitsmaß, wenn folgende Axiome (I) bis (III) erfüllt sind:

  (I) *$0 \leqslant P(A)$ für alle $A \in \mathfrak{A}$;*

  (II) *es gilt $P(\Omega) = 1$;*

---

[43]) Ω soll nicht leer sein. – Ω kann endlich viele, abzählbar oder überabzählbar unendlich viele Elemente enthalten. Was die Elemente ω dieser Menge darstellen, ist für die logische Entwicklung der Wahrscheinlichkeitsrechnung völlig gleichgültig.

[44]) Wenn wir die Elemente von $\mathfrak{P}(\Omega)$ als Ereignisse bezeichnen, ist $\mathfrak{A}$ als Ereignisalgebra aufzufassen.

(III) *sind A_1 und A_2 zwei beliebige elementfremde Mengen aus*
   $\mathfrak{A}$ *(d.h. $A_1 \cap A_2 = \emptyset$), so gilt*

$$P(A_1 \cup A_2) = P(A_1) + P(A_2).$$

Axiom (I) bedeutet, daß das Wahrscheinlichkeitsmaß nichtnegativ ist, Axiom (II) ist eine Normierung des Wahrscheinlichkeitsmaßes; Axiom (III) wird manchmal Additionsaxiom genannt. $\mathfrak{A}$ ist m.a.W. der Definitionsbereich des Wahrscheinlichkeitsmaßes.

Der Funktionswert $P(A)$ (mit $A \in \mathfrak{A}$) heißt *Wahrscheinlichkeit* von A, und die Zusammenfassung $[\Omega, \mathfrak{A}, P]$ wird ein *Wahrscheinlichkeitsraum* genannt.

Wegen der Isomorphie zwischen Ereignisalgebra und Mengenalgebra können wir diese Definition auch für eine Ereignisalgebra $\mathfrak{A}$ formulieren:

Definition 1': *Sei $\mathfrak{A} \subseteq \mathfrak{P}(\Omega)$ eine Ereignisalgebra. Eine auf $\mathfrak{A}$ definierte reellwertige Funktion $P(\cdot)$, also*

$$P: \mathfrak{A} \to \mathbb{R},$$

heißt Wahrscheinlichkeitsmaß, wenn folgende Axiome (I) *bis* (III) *erfüllt sind:*

(I) $0 \leqslant P(A)$ *für alle $A \in \mathfrak{A}$;*

(II) *es gilt $P(E) = 1$ (E = sicheres Ereignis);*

(III) *sind A_1 und A_2 zwei beliebige unvereinbare Ereignisse aus $\mathfrak{A}$*
   (d.h. $A_1 \cap A_2 = \emptyset$), so gilt

$$P(A_1 \cup A_2) = P(A_1) + P(A_2).$$

Aus Axiom (III) folgt dann sofort für endlich viele Mengen (bzw. Ereignisse) $A_1, A_2, \ldots, A_n$, die paarweise elementefremd (bzw. unvereinbar) sind, also $A_i \cap A_j = \emptyset$ für alle $i, j \in \{1, \ldots, n\}$, $i \neq j$,

$$P(A_1 \cup A_2 \cup \ldots \cup A_n) = P(A_1) + P(A_2) + \ldots + P(A_n).$$

1.14.3. Nun kommen wir zu dem Fall, daß aus $\mathfrak{P}(\Omega)$ eine σ-*Algebra* $\mathfrak{A}$ ausgezeichnet wird[45]). Wir definieren:

Definition 2: *Sei* $\mathfrak{A} \subseteq \mathfrak{P}(\Omega)$ *eine* σ-*Algebra. Eine auf* $\mathfrak{A}$ *definierte reellwertige Funktion* $P(\cdot)$, *also*

$$P : \mathfrak{A} \to \mathbb{R},$$

heißt Wahrscheinlichkeitsmaß, wenn folgende Axiome (I') *bis* (III') *erfüllt sind:*

(I') $0 \leqslant P(A)$ *für alle* $A \in \mathfrak{A}$;   [(I') = (I)]

(II') *es gilt* $P(\Omega) = 1$;   [(II') = (II)]

(III') *ist* $A_1, A_2, \ldots, A_n, \ldots$ *ein endliches oder abzählbar unendliches System von paarweise elementfremden Mengen, die alle zu* $\mathfrak{A}$ *gehören* (*d. h.* $A_i \cap A_j = \emptyset$ *für alle* $A_i, A_j \in \mathfrak{A}$ *und alle Indexkombinationen* i, j ($i \neq j$)), *so gilt*

$$P(A_1 \cup A_2 \cup \ldots \cup A_n \cup \ldots) = P(A_1) + P(A_2) + \ldots + P(A_n) + \ldots$$

Man nennt Forderung (III') *Volladditivität* oder σ-*Additivität* der Funktion P.

Faßt man die Mengen als Ereignisse auf, so hat man in (III') eine Menge von paarweise unvereinbaren Ereignissen zu nehmen.

Definition 2 ist also allgemeiner als Definition 1.

Auch hier heißt [$\Omega, \mathfrak{A}, P$] ein *Wahrscheinlichkeitsraum*.

Durch diese Axiome (I) bis (III) bzw. (I') bis (III') wird die Wahrscheinlichkeit durch gewisse Eigenschaften definiert, über die Bestimmung der Wahrscheinlichkeit ist damit nichts ausgesagt. Währenddem in der klassischen Wahrscheinlichkeitsdefinition und in der von Mises'schen Definition zumindest prinzipiell eine Berechnungsmöglichkeit enthalten war, wird sich bei der axiomatischen Definition ein Weg zur Bestimmung der Wahrscheinlichkeit eines

---

[45]) $\mathfrak{A}$ können wir als σ-Mengenalgebra oder σ-Ereignisalgebra auffassen.

Ereignisses erst durch einen später aus den Axiomen hergeleiteten Satz (Gesetz der großen Zahlen § 3.10.) ergeben.

1.14.4. Wir wollen nun sehen, daß der klassische Wahrscheinlichkeitsbegriff von Laplace in dieser allgemeinen Wahrscheinlichkeitsdefinition als Spezialfall enthalten ist.

Die Menge Ω besteht hier aus endlich vielen Elementen, also

$$\Omega = \{\omega_1, \omega_2, \ldots, \omega_r\}.$$

Als Mengenalgebra (Ereignisalgebra) $\mathfrak{A}$ nehmen wir die ganze Potenzmenge $\mathfrak{P}(\Omega)$, d.h. das System aller Teilmengen von Ω. In $\mathfrak{A}$ sind somit alle einelementigen Teilmengen $\{\omega_j\} \subseteq \Omega$ $(j = 1, \ldots, r)$, d.h. alle Elementarereignisse ω_j enthalten, und $\mathfrak{A}$ besteht aus endlich vielen Elementen.

Die Wahrscheinlichkeiten der Elementarereignisse setzen wir alle gleich, also

$$P(\{\omega_j\}) = P(\omega_j) = \frac{1}{r} \qquad (j = 1, \ldots, r).$$

Ist jetzt A eine beliebige Teilmenge aus $\mathfrak{A}$, also ein beliebiges Ereignis, und sei etwa $A = \{\omega_{j_1}, \omega_{j_2}, \ldots, \omega_{j_s}\}$ $(s \geq 0)$, dann wird

$$P(A) = \frac{s}{r}.$$

M.a.W. ist r die Anzahl aller Elementarereignisse der Zufallserscheinung, also die Anzahl der „möglichen Fälle", und s die Anzahl der Elementarereignisse in der Menge A, also die Anzahl der für das Ereignis A „günstigen Fälle".

Die so definierte Funktion P erfüllt nun die obigen Forderungen (I) bis (III) an ein Wahrscheinlichkeitsmaß:

(I) Weil $P(A) = \frac{s}{r}$ ist und wegen $r \geq 1$ und $s \geq 0$ ist $0 \leq P(A) \in \mathbb{R}$

für jedes $A \in \mathfrak{A}$.

(II) Für $A = \Omega$ ist $s = r$, also $P(\Omega) = \frac{r}{r} = 1$.

(III)   Sind $A_1 = \{\omega_{j_1}, \ldots, \omega_{j_s}\}$ und $A_2 = \{\omega_{k_1}, \ldots, \omega_{k_t}\}$ zwei beliebige ele-

mentfremde Mengen $\in \mathfrak{A}$, also zwei unvereinbare Ereignisse, so ist

$A_1 \cup A_2 = \{\omega_{j_1}, \ldots, \omega_{j_s}; \omega_{k_1}, \ldots, \omega_{k_t}\}$. Somit $P(A_1) = \frac{s}{r}$,

$P(A_2) = \frac{t}{r}$ und $P(A_1 \cup A_2) = \frac{s+t}{r} = P(A_1) + P(A_2)$.

1.14.5. Der klassische Wahrscheinlichkeitsbegriff beruhte auf dem Begriff Gleichmöglichkeit (Gleichwahrscheinlichkeit) von Ereignissen. Bei dem Beispiel Würfelwerfen hatten wir die Wahrscheinlichkeiten für das Eintreffen einer der Zahlen 1, 2, ... oder 6 jeweils gleich $\frac{1}{6}$ gesetzt. Dazu sind wir nur berechtigt, wenn der Würfel vollkommen gleichmäßig gearbeitet ist und aus homogenem Material besteht.

Wie ist es nun aber, wenn diese Voraussetzung nicht erfüllt ist? Wenn etwa bei einem Würfel eine Ecke abgefeilt ist, können wir nicht mehr sagen, er sei vollkommen gleichmäßig gearbeitet. Der klassische Wahrscheinlichkeitsbegriff kann in diesem Fall jedenfalls nicht benutzt werden.

Bei der axiomatischen Einführung des Wahrscheinlichkeitsbegriffs ist dieser Fall nun mit erfaßt. Wenn etwa der Würfel so beschaffen ist, daß die Zahlen 2, 3, 4, 5 und 6 mit gleicher Wahrscheinlichkeit eintreten, die 1 aber mit dreimal so großer Wahrscheinlichkeit wie jede dieser Zahlen, so bezeichnen wir wie früher das Ereignis, bei welchem die 1 eintritt, mit ω_1; das Ereignis, bei welchem 2 eintritt, mit ω_2; usw. Nun setzen wir aber

$$P(\omega_1) = \frac{3}{8}; \qquad P(\omega_2) = \ldots = P(\omega_6) = \frac{1}{8}.$$

Ist dann $A = \{\omega_{j_1}, \ldots, \omega_{j_s}\}$ ein beliebiges Ereignis, so setzen wir

$P(A) = P(\omega_{j_1}) + \ldots + P(\omega_{j_s})$.

Diese so definierte Funktion P erfüllt ebenfalls die Axiome (I) bis (III) (als Mengenalgebra (Ereignisalgebra) $\mathfrak{A}$ nehmen wir die ganze Potenzmenge $\mathfrak{P}(\Omega)$):

(I) $0 \leqslant P(A) \in \mathbb{R}$ für jedes $A \in \mathfrak{A}$ ist offenbar erfüllt.

(II)   Für $A = \Omega$ wird $P(\Omega) = P(\omega_1) + P(\omega_2) + \ldots + P(\omega_6) = \dfrac{3}{8} + 5 \cdot \dfrac{1}{8} = 1$.

(III)   Sind $A_1 = \{\omega_{j_1}, \ldots, \omega_{j_s}\}$ und $A_2 = \{\omega_{k_1}, \ldots; \omega_{k_t}\}$ zwei beliebige
elementfremde Mengen $\in \mathfrak{A}$, also zwei unvereinbare Ereignisse, so ist
$A_1 \cup A_2 = \{\omega_{j_1}, \ldots, \omega_{j_s}; \omega_{k_1}, \ldots, \omega_{k_t}\}$ und man überlegt sich sofort,
daß $P(A_1 \cup A_2) = P(A_1) + P(A_2)$ gilt.

1.14.6. Neben den endlichen Wahrscheinlichkeitsräumen sind die einfachsten Wahrscheinlichkeitsräume diejenigen, bei welchen der Ereignisraum $\Omega = \{\omega_1, \omega_2, \ldots, \omega_n, \ldots\}$ aus abzählbar unendlich vielen Elementen ω_n besteht.

Wir betrachten also nun einen Wahrscheinlichkeitsraum $[\Omega, \mathfrak{A}, P]$, bei dem $\Omega = \{\omega_1, \omega_2, \ldots, \omega_j, \ldots\}$ höchstens abzählbar unendlich viele [46]) Elemente (Elementarereignisse) besitzt. Als Mengenalgebra $\mathfrak{A}$ nehmen wir das System aller Teilmengen von Ω, also die Potenzmenge $\mathfrak{P}(\Omega)$. Die Wahrscheinlichkeiten der einelementigen Mengen $\{\omega_j\}$ von $\mathfrak{P}(\Omega)$ setzen wir $P(\{\omega_j\}) = P(\omega_j) = p_j$ $(j = 1, 2, \ldots)$. Damit $[\Omega, \mathfrak{A}, P]$ ein Wahrscheinlichkeitsraum ist, muß wegen Axiom (I)

(1) $p_j \geqslant 0$

sein für alle $j = 1, 2, \ldots$ und wegen Axiom (II) und (III)

(2) $P(\Omega) = P\left(\bigcup_{j=1}^{\infty} \omega_j\right) = \sum_{j=1}^{\infty} P(\omega_j) = \sum_{j=1}^{\infty} p_j = 1$,

Ist nun $A = \{\omega_{j_1}, \omega_{j_2}, \ldots\}$ ein beliebiges Ereignis, also ein beliebiges Element aus $\mathfrak{P}(\Omega) = \mathfrak{A}$, so setzen wir im Hinblick auf Axiom (III)

(3) $P(A) = \sum_{j} P(\omega_j) = \sum_{j} p_j$,

wobei über alle die Indizes j zu summieren ist, für die $\omega_j \in A$.

---

[46]) D.h. endlich viele oder abzählbar unendlich viele.

Wir beweisen nun umgekehrt: Sind die Beziehungen (1) bis (3) erfüllt, so ist $[\Omega, \mathfrak{A}, P]$ ein Wahrscheinlichkeitsraum.

Beweis: Axiom (I) ist wegen Bedingung (1) und (3) und Axiom (II) wegen (2) offenbar erfüllt.

Sind jetzt $A_1 = \{\omega_{11}, \omega_{12}, \ldots\}$; $A_2 = \{\omega_{21}, \omega_{22}, \ldots\}$; allgemein $A_n = \{\omega_{n1}, \omega_{n2}, \ldots\}$, $\ldots$ eine endliche oder abzählbar unendliche Folge von paarweise elementfremden Mengen (paarweise unvereinbaren Ereignissen) aus $\mathfrak{P}(\Omega) = \mathfrak{A}$, so wird

$$\bigcup_{n=1}^{\infty} A_n = \{\omega_{nj} \mid n = 1, 2, \ldots; \quad j = 1, 2, \ldots\}$$

und [47]

$$P\left(\bigcup_{n=1}^{\infty} A_n\right) = \sum_{n,j=1}^{\infty} P(\omega_{nj}) = \sum_{n,j=1}^{\infty} p_{nj} = \sum_{n=1}^{\infty}\left(\sum_{j=1}^{\infty} p_{nj}\right) =$$

$$= \sum_{n=1}^{\infty}\left(\sum_{j=1}^{\infty} P(\omega_{nj})\right) = \sum_{n=1}^{\infty} P(A_n).$$

Damit ist auch gezeigt, daß die Axiome eines Wahrscheinlichkeitsraums für den Fall, daß Ω abzählbar viele Elemente (Elementarereignisse) besitzt, überhaupt erfüllt werden können.

Es existiert also in diesem Fall eine Funktion (Abbildung) P, welche für die Elemente der Mengenalgebra $\mathfrak{A}$ definiert ist und die Axiome (I) bis (III) erfüllt. Es genügt, wie wir sahen, die Funktion P nur auf der Menge Ω der Elementarereignisse zu definieren.

Daß für den Fall, wo Ω überabzählbar viele Elemente besitzt, auch eine solche Funktion P existiert, kann allgemein bewiesen werden. Man verwendet dazu die „Maßtheorie" [48]. Jedoch soll hierauf weiter nicht eingegangen werden.

---

[47] Wir benutzen, daß eine konvergente unendliche Reihe mit Gliedern $\geqslant 0$ beliebig umgeordnet werden kann.

[48] Bisweilen wird daher vom maßtheoretischen Wahrscheinlichkeitsbegriff gesprochen.

§ 1.15. Einige Folgerungen aus der Wahrscheinlichkeitsdefinition

1.15.1. Wir wollen nun einige Folgerungen aus der Wahrscheinlichkeitsdefinition ziehen.

Satz 1: *Sind A und $\bar{A}$ komplementäre Ereignisse $\in \mathfrak{A}$, so ist*

$$P(A) + P(\bar{A}) = 1.$$

Also: Die Summe der Wahrscheinlichkeiten komplementärer Ereignisse ist 1.

Beweis: Da A und $\bar{A}$ unvereinbare Ereignisse sind, also $A \cap \bar{A} = \emptyset$,

$\Rightarrow P(A \cup \bar{A}) = P(A) + P(\bar{A})$ nach Axiom (III);

$\Rightarrow \quad P(E) \quad = P(A) + P(\bar{A})$;

$\Rightarrow \quad 1 \quad\quad = P(A) + P(\bar{A})$ nach Axiom (II).

Satz 2: $P(\emptyset) = 0$.

Also: Die Wahrscheinlichkeit des unmöglichen Ereignisses ist 0.

Beweis: Wir wenden Satz 1 an mit $A = E$; $\Rightarrow \bar{A} = \bar{E} = \emptyset$; also

$P(E) + P(\emptyset) = 1$;

$1 \quad + P(\emptyset) = 1$;

$P(\emptyset) = 0$.

Satz 3: *Ist A Teilereignis von B, also $A \subseteq B$ (A und $B \in \mathfrak{A}$), so gilt*

$$P(A) \leqslant P(B).$$

Beweis: Nach Satz 2 in § 1.7. gilt für $A \subseteq B$

$B = A \cup (\bar{A} \cap B)$,   wobei $A \cap (\bar{A} \cap B) = \emptyset$ ist.

Mit Axiom (III)

$\Rightarrow P(B) = P(A) + P(\bar{A} \cap B) \geqslant P(A)$,

da $P(\bar{A} \cap B) \geqslant 0$.

Satz 4: *Die Wahrscheinlichkeit eines beliebigen Ereignisses $A \in \mathfrak{A}$ liegt zwischen 0 und 1. Also*

$$0 \leqslant P(A) \leqslant 1.^{49})$$

Beweis: Offenbar ist

$$\emptyset \subseteq A \subseteq E;$$

mit Satz 3

$$\Rightarrow 0 = P(\emptyset) \leqslant P(A) \leqslant P(E) = 1.$$

Satz 5: *Sind A und B beliebige Ereignisse $\in \mathfrak{A}$, so gilt*

$$P(A \cup B) = P(A) + P(B) - P(A \cap B).$$

Bemerkung: Sind A und B unvereinbare Ereignisse $\in \mathfrak{A}$, also $A \cap B = \emptyset$, so wird $P(A \cap B) = P(\emptyset) = 0$ und Satz 5 reduziert sich auf Axiom (III).

Beweis: Wir benutzen die Sätze 1 und 5 aus § 1.7.:

(1) $A \cup B = A \cup (\bar{A} \cap B)$; dabei sind A und $(\bar{A} \cap B)$ unvereinbare Ereignisse;

und

(2) $(\bar{A} \cap B) \cup (A \cap B) = B$; dabei sind ebenfalls $(\bar{A} \cap B)$ und $(A \cap B)$ unvereinbare Ereignisse.

Da nun A und $(\bar{A} \cap B)$ unvereinbare Ereignisse sind, folgt aus (1) mit Hilfe von Axiom (III)

$$P(A \cup B) = P(A) + P(\bar{A} \cap B);$$

da $(\bar{A} \cap B)$ und $(A \cap B)$ unvereinbare Ereignisse sind, folgt aus (2) mit Hilfe von Axiom (III)

$$P(\bar{A} \cap B) + P(A \cap B) = P(B);$$

---

[49]) Es sei darauf hingewiesen, daß aus $P(A) = 0$ nicht folgt $A = \emptyset$; d.h. wenn die Wahrscheinlichkeit eines Ereignisses A gleich 0 ist, braucht dieses Ereignis nicht das unmögliche Ereignis zu sein. Jedoch für den Fall, daß Ω eine endliche Menge ist und die Wahrscheinlichkeiten der Elementarereignisse alle gleich sind (klassische Wahrscheinlichkeitsdefinition), kann man offenbar folgern aus $P(A) = 0 \Rightarrow A = \emptyset$ und aus $P(A) = 1 \Rightarrow A = E$.

$$P(\bar{A} \cap B) = P(B) - P(A \cap B);$$

$$\Rightarrow P(A \cup B) = P(A) + P(B) - P(A \cap B).$$

Satz 6: *Boolesche Ungleichung: Sind* A_1, A_2, ..., A_n *beliebige Ereignisse* $\in \mathfrak{A}$, *so gilt*

$$P(A_1 \cup A_2 \cup \ldots \cup A_n) \leqslant P(A_1) + P(A_2) + \ldots + P(A_n).$$

Beweis: Unter Benutzung von Satz 5 erhalten wir

$$P(A_1 \cup A_2 \cup \ldots) = P(A_1 \cup (A_2 \cup A_3 \cup \ldots)) =$$

$$= P(A_1) + P(A_2 \cup A_3 \cup \ldots) - P(A_1 \cap (A_2 \cup A_3 \cup \ldots)) \leqslant$$

(3) $$\leqslant P(A_1) + P(A_2 \cup A_3 \cup \ldots),$$

da $P(A_1 \cap (A_2 \cup A_3 \cup \ldots)) \geqslant 0$ ist.

Nun wenden wir auf (3) nochmals Satz 5 an;

$$\Rightarrow P(A_1 \cup A_2 \cup \ldots) \leqslant P(A_1) + P(A_2 \cup (A_3 \cup \ldots)) \leqslant$$

$$\leqslant P(A_1) + P(A_2) + P(A_3 \cup \ldots) - P(A_2 \cap (A_3 \cup \ldots)) \leqslant$$

$$\leqslant P(A_1) + P(A_2) + P(A_3 \cup \ldots).$$

In dieser Weise fortfahrend erhält man die Behauptung.

§ 1.16. Bedingte Wahrscheinlichkeit

1.16.1. Wir betrachten zur Einführung zunächst zwei Beispiele.

I. In einer Urne mögen sich $r = 200$ Kugeln befinden, davon 50 weiße und 150 schwarze. Die 50 weißen Kugeln sind numeriert mit den Zahlen 1, 2, ..., 50 und die 150 schwarzen Kugeln mit den Zahlen 1, 2, ..., 150.

Frage a): Der Urne wird zufällig eine Kugel entnommen. Wie groß ist die Wahrscheinlichkeit P des Ereignisses A, daß diese eine der Zahlen 1, 2, ..., 10 trägt (ohne Beachtung der Farbe)?

Lösung: $P(A) = \dfrac{\text{Anzahl der günstigen Fälle}}{\text{Anzahl der möglichen Fälle}} = \dfrac{s}{r} = \dfrac{20}{200} = 0{,}1.$

Frage b): Der Urne wird zufällig eine Kugel entnommen. Wie groß ist die Wahrscheinlichkeit P^*, daß diese eine der Zahlen 1, 2, ..., 10 trägt, falls sie weiß ist? Wir betrachten also die Wahrscheinlichkeit des Ereignisses A, eine der Zahlen 1, 2, ..., 10 zu erhalten, unter der Bedingung, daß das Ereignis B „weiße Kugel (unabhängig von der Zahl)" schon eingetreten ist.

Lösung: $P^*(A) = \dfrac{\text{Anzahl der günstigen Fälle}}{\text{Anzahl der möglichen Fälle}} = \dfrac{10}{50} = 0,2.$

Durch die Bedingung, daß das Ereignis B „weiße Kugel (unabhängig von der Zahl)" schon eingetreten ist, wird also die Anzahl der möglichen Fälle und auch die Anzahl der günstigen Fälle eingeschränkt; d. h. beim Abzählen der Fälle ist beidesmal zu berücksichtigen, daß die Bedingung eingetreten sein muß.

II. Zwei Würfel werden gleichzeitig geworfen.

Frage a): Wie groß ist die Wahrscheinlichkeit P des Ereignisses A, die Augensumme 6 zu erhalten?

Lösung: $P(A) = \dfrac{\text{Anzahl der günstigen Fälle}}{\text{Anzahl der möglichen Fälle}} = \dfrac{s}{r}.$

Mögliche Fälle sind alle Zahlenkombinationen[50]) (1,1), (1,2), ..., (1,6), (2,1), (2,2), ..., (6,6); wir ordnen diese in dem folgenden Schema an:

(1,1)	(1,2)	(1,3)	(1,4)	$\boxed{(1,5)}$	(1,6)
(2,1)	(2,2)	(2,3)	$\boxed{(2,4)}$	(2,5)	(2,6)
(3,1)	(3,2)	$\boxed{(3,3)}$	(3,4)	(3,5)	(3,6)
(4,1)	$\boxed{(4,2)}$	(4,3)	(4,4)	(4,5)	(4,6)
$\boxed{(5,1)}$	(5,2)	(5,3)	(5,4)	(5,5)	(5,6)
(6,1)	(6,2)	(6,3)	(6,4)	(6,5)	(6,6)

---

[50]) An erster Stelle steht die Augenzahl des ersten Würfels, an zweiter Stelle die Augenzahl des zweiten Würfels.

Damit $r = 36$. – Die für das Ereignis A günstigen Zahlenkombinationen liegen auf der in dem Schema gekennzeichneten Schrägzeile, also $s = 5$.

$$\Rightarrow P(A) = \frac{5}{36}.$$

Frage b): Wie groß ist die Wahrscheinlichkeit P^* des Ereignisses A, die Augensumme 6 zu erhalten, wenn bekannt ist, daß das Ereignis B, eine gerade Zahl als Augensumme zu erhalten, eingetreten ist?

Lösung: Da wir wissen, daß B eingetreten sein muß, sind nur noch 18 Fälle möglich; in diesen sind die für A günstigen Fälle alle enthalten, da $A \subseteq B$. Unter diesen 18 möglichen Fällen haben wir 5 günstige Fälle;

$$\Rightarrow P^*(A) = \frac{5}{18}.$$

1.16.2. Bei den Fragestellungen a), wo also die Wahrscheinlichkeit eines Ereignisses A ohne eine Zusatzbedingung zu bestimmen war, spricht man von der *unbedingten Wahrscheinlichkeit* $P(A)$. Bei den Fragestellungen b) war die Wahrscheinlichkeit eines Ereignisses A zu bestimmen unter der Voraussetzung, daß ein Ereignis B (mit der Wahrscheinlichkeit $P(B) > 0$) schon eingetreten war; man spricht hier von der *bedingten Wahrscheinlichkeit des Ereignisses A bezüglich des Ereignisses B* und schreibt

$$P(A \mid B).$$

Das Ereignis $A \mid B$ (Ereignis A unter der Bedingung, daß B eingetreten ist) heißt *bedingtes Ereignis.*

Das bedingte Ereignis $A \mid B$ wollen wir an Fig. 1 erläutern. Wir nehmen die Zufallserscheinung wie in 1.6.3., wo ein Punkt innerhalb eines Quadrats zufällig ausgewählt wurde. Die Ereignisse A und B

sollen die gleiche Bedeutung wie dort haben. Dann stellt in Fig. 1a
die karierte Fläche das bedingte Ereignis $A \mid B$ dar.

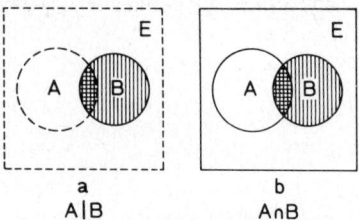

Fig. 1

$A \mid B$ ist als Teilereignis des Ereignisses B (über der Menge B), $A \cap B$ als Teilereignis von E (über der Menge Ω) zu verstehen.

Zur Berechnung von $P(A \mid B)$ benutzt man den

Satz 1: $P(A \mid B) = \dfrac{P(A \cap B)}{P(B)}$, *falls* $P(B) \neq 0$,

der sich für die klassische Definition der Wahrscheinlichkeit folgendermaßen beweisen läßt[51]):

Sei r die Gesamtzahl der Elementarereignisse der Zufallserscheinung, also r
die Anzahl der möglichen Fälle; sei weiter

s die Anzahl der für das Ereignis A günstigen Fälle
       (Anzahl der Elementarereignisse von A);

t die Anzahl der für das Ereignis B günstigen Fälle
       (Anzahl der Elementarereignisse von B);

u die Anzahl der für das Ereignis $A \cap B$ günstigen Fälle
       (Anzahl der Elementarereignisse von $A \cap B$).

(Dabei ist natürlich $s \leqslant r$, $t \leqslant r$ und $u \leqslant s$, $u \leqslant t$). Dann

(1) $P(A) = \dfrac{s}{r}$; $P(B) = \dfrac{t}{r}$; $P(A \cap B) = \dfrac{u}{r}$.

Wenn das Ereignis B eingetreten ist, so ist mindestens einer der t für das
Ereignis B günstigen Fälle (mindestens eines der Elementarereignisse von

---

[51]) Andernfalls kann die Aussage von Satz 1 als Definition dienen.

B) eingetreten[52]). t ist also jetzt als Anzahl der „unter der Bedingung B"
möglichen Fälle anzusehen. Die für A unter der Bedingung B günstigen
Fälle (günstigen Elementarereignisse) sind genau die für $A \cap B$ günstigen
Fälle (günstigen Elementarereignisse). Damit

(2) $\qquad P(A \mid B) = \dfrac{u}{t}.$

Aus (2) und (1)

$$\Rightarrow P(A \mid B) = \frac{u}{t} = \frac{\dfrac{u}{r}}{\dfrac{t}{r}} = \frac{P(A \cap B)}{P(B)}.$$

Für die beiden einführenden Beispiele erhalten wir

I. $\qquad P^*(A) = P(A \mid B) = \dfrac{P(A \cap B)}{P(B)} = \dfrac{\dfrac{10}{200}}{\dfrac{50}{200}} = 0,2;$

II. $\qquad P^*(A) = P(A \mid B) = \dfrac{P(A \cap B)}{P(B)} = \dfrac{\dfrac{5}{36}}{\dfrac{18}{36}} = \dfrac{5}{18}.$

In Analogie zu Satz 1 gilt

Satz 2: $P(B \mid A) = \dfrac{P(A \cap B)}{P(A)}, \quad falls\ P(A) \neq 0.$

1.16.3. Die Einführung der bedingten Wahrscheinlichkeit läßt sich bei zugrundeliegendem Wahrscheinlichkeitsraum $[\Omega, \mathfrak{A}, P]$ folgendermaßen beschreiben:

Es sei $B \in \mathfrak{A}$ ein bestimmtes Ereignis[53]) mit $P(B) > 0$. Dann bilden die Ereignisse $(A \cap B)$ mit $A \in \mathfrak{A}$ eine Ereignisalgebra $\mathfrak{A}_B$ in dem Ereignisraum $\{\omega_1^*, \omega_2^*, \ldots\}$, wenn B aus diesen Elementarereignissen $\omega_1^*, \omega_2^*, \ldots$ besteht, d.h. wenn $B = \omega_1^* \cup \omega_2^* \cup \ldots$ ist. Daß $\mathfrak{A}_B$ Ereignisalgebra ist, prüft man nach, indem man die Gültigkeit der Axiome der Ereignisalgebra für $\mathfrak{A}_B$ feststellt:

---

[52]) Wegen $P(B) > 0$ ist $t > 0$.
[53]) Wir fassen hier $\mathfrak{A}$ als Ereignisalgebra auf.

(3) $(B \cap B) = B \in \mathfrak{A}_B$;

(4)   aus $(A \cap B) \in \mathfrak{A}_B$ und $(C \cap B) \in \mathfrak{A}_B \Rightarrow$

        $\Rightarrow (A \cap B) \cup (C \cap B) = ((A \cup C) \cap B) \in \mathfrak{A}_B$, denn $A \cup C \in \mathfrak{A}$;

(5)   es ist zu zeigen, daß aus $(A \cap B) \in \mathfrak{A}_B \Rightarrow (\overline{A \cap B})^B \in \mathfrak{A}_B$, wobei

        mit $(\overline{A \cap B})^B$ das Komplement von $(A \cap B)$ bezüglich B gemeint ist.

Man hat $(\overline{A \cap B})^B = B \cap (\overline{A \cap B}) = B \cap (\bar{A} \cup \bar{B})$ (unter Benutzung von
Satz 4 in § 1.7.) und weiter (mit Hilfe der Distributivität) $B \cap (\bar{A} \cup \bar{B}) =$
$= (B \cap \bar{A}) \cup (B \cap \bar{B}) = (B \cap \bar{A}) \cup \emptyset = (B \cap \bar{A})$. Ist nun $(A \cap B) \in \mathfrak{A}_B$,
also $A \in \mathfrak{A}$ und somit auch $\bar{A} \in \mathfrak{A}$, so ist auch $(\bar{A} \cap B) \in \mathfrak{A}_B$, d. h.
$(\overline{A \cap B})^B \in \mathfrak{A}_B$.

Man kann weiter zeigen, daß die Funktion $P(. \mid B) = \dfrac{P(. \cap B)}{P(B)}$ zu einem
Wahrscheinlichkeitsmaß auf $\mathfrak{A}_B$ führt; man hat dazu die Axiome (I) bis (III)
zu überprüfen:

(I) $0 \leqslant P(A \mid B) = \dfrac{P(A \cap B)}{P(B)}$ für alle $A \in \mathfrak{A}$;

(II) $P(B \mid B) = \dfrac{P(B \cap B)}{P(B)} = \dfrac{P(B)}{P(B)} = 1$;

(III)   erhalten wir folgendermaßen: Für zwei unvereinbare Ereignisse
$(A_1 \cap B)$ und $(A_2 \cap B) \in \mathfrak{A}_B$, also $(A_1 \cap B) \cap (A_2 \cap B) = \emptyset$
$(A_1, A_2 \in \mathfrak{A})$, haben wir unter Benutzung der Beziehung $(A_1 \cup A_2) \cap$
$\cap B = (A_1 \cap B) \cup (A_2 \cap B)$ und der Formel in Satz 1

$$P((A_1 \cap B) \cup (A_2 \cap B) \mid B) = P((A_1 \cup A_2) \cap B \mid B) =$$

$$= P(A_1 \cup A_2 \mid B) = \frac{P((A_1 \cup A_2) \cap B)}{P(B)} = \frac{P((A_1 \cap B) \cup (A_2 \cap B))}{P(B)} =$$

$$= \frac{P(A_1 \cap B) + P(A_2 \cap B)}{P(B)} = \frac{P(A_1 \cap B)}{P(B)} + \frac{P(A_2 \cap B)}{P(B)} =$$

$$= P(A_1 \mid B) + P(A_2 \mid B).$$

Der Wahrscheinlichkeitsraum für die bedingte Wahrscheinlichkeit wird also
durch $\left[B, \mathfrak{A}_B, \dfrac{P(. \cap B)}{P(B)} \right]$ beschrieben. In diesem Wahrscheinlichkeitsraum
vertritt B das sichere Ereignis.

1.16.4. Aus Satz 1 und 2 wollen wir nun Folgerungen ziehen:

Sind die Ereignisse (Mengen) A und B unvereinbar, also $A \cap B = \emptyset$, dann ist $P(A \cap B) = 0$. Damit wird aus Satz 1 und Satz 2

(6) $\quad P(A \mid B) = 0 = P(B \mid A)$.[54])

Weiter können wir aus Satz 1 und Satz 2 folgern

Satz 3: (*Multiplikationssatz*)

$$P(A \cap B) = P(B)\, P(A \mid B) = P(A)\, P(B \mid A).$$

Bemerkung: Der Multiplikationssatz ist auch dann anwendbar, wenn $P(A) = 0$ oder $P(B) = 0$ ist. Denn
wenn $P(A) = 0 \Rightarrow P(A \cap B) = 0$, weil $P(A \cap B) \leqslant P(A) = 0$; und
wenn $P(B) = 0 \Rightarrow P(A \cap B) = 0$, weil $P(A \cap B) \leqslant P(B) = 0$.

Aufgrund von Satz 3 kann man mit Hilfe der bedingten Wahrscheinlichkeiten die Wahrscheinlichkeiten von Durchschnittsereignissen $A \cap B$ berechnen.

Als Verallgemeinerung von Satz 3 haben wir

Satz 4: $P(A_1 \cap A_2 \cap \dots \cap A_n) = P(A_1)\, P(A_2 \mid A_1)\, P(A_3 \mid A_1 \cap A_2) \dots$
$$\dots P(A_n \mid A_1 \cap A_2 \cap \dots \cap A_{n-1}).$$

§ 1.17. Unabhängige Ereignisse

1.17.1. Für den Begriff „Unabhängigkeit" bringt man schon eine gewisse Vorstellung mit. Wir gehen von folgendem Beispiel aus: Zwei Würfel, ein roter und ein schwarzer, werden gleichzeitig geworfen. Die Wahrscheinlichkeit für das Eintreten des Ereignisses A, daß der rote Würfel eine 6 zeigt, wird nicht beeinflußt vom Eintreten des Ereignisses B, daß man mit dem schwarzen Würfel eine ge-

---

[54]) Wobei $P(A) \neq 0$ bzw. $P(B) \neq 0$ vorausgesetzt ist.

rade Zahl wirft, es sei denn, daß die beiden Würfel beim Werfen durch eine Verbindung, etwa eine Schnur, miteinander gekoppelt sind. Man wird sagen, daß bei dem Beispiel die beiden Ereignisse A und B unabhängig voneinander sind.

1.17.2. Wir **definieren** nun allgemein: *Ein Ereignis A einer Zufallserscheinung heißt unabhängig von dem Ereignis B, wenn gilt*

(1) $P(A \mid B) = P(A)$.

D.h. das Eintreten des Ereignisses B beeinflußt nicht die Wahrscheinlichkeit von A. Gilt (1) nicht, so heißt A *abhängig von B* [55]). Wir wollen zeigen

Satz 1: *Wenn das Ereignis A unabhängig von B ist, so ist auch B unabhängig von A* [56]), *d.h. die Unabhängigkeit von Ereignissen gilt wechselseitig, die Unabhängigkeit ist eine symmetrische Eigenschaft.*

Also

$$P(A \mid B) = P(A) \Rightarrow P(B \mid A) = P(B).$$

Somit können wir einfach sagen, daß die Ereignisse A und B *voneinander unabhängig* sind.

Beweis: Ist A unabhängig von B, so ist $P(A \mid B) = P(A)$;

$\Rightarrow P(B) P(A \mid B) = P(B) P(A)$;

indem wir links den Multiplikationssatz anwenden

$\Rightarrow P(A) P(B \mid A) = P(B) P(A)$;

daraus für $P(A) \neq 0$

$\Rightarrow P(B \mid A) = P(B)$,

also B unabhängig von A.

Weiter gilt

---

[55]) Man wird voraussetzen, daß in einem Wahrscheinlichkeitsraum $[\Omega, \mathfrak{A}, P]$ die Ereignisse A und B der Ereignisalgebra $\mathfrak{A}$ angehören und $P(B) > 0$ ist.
[56]) Dabei ist $P(A) > 0$ und $P(B) > 0$.

Satz 2: *Sind die Ereignisse A und B unabhängig, dann sind auch Ā und B unabhängig; das gleiche gilt dann für die Paare von Ereignissen A und B̄ sowie Ā und B̄.*

Beweis: a) Da die Summe der Wahrscheinlichkeiten von komplementären Ereignissen 1 ist,

$$\Rightarrow P(A \mid B) + P(\bar{A} \mid B) = 1;$$

weil nach Voraussetzung $P(A \mid B) = P(A)$

$$\Rightarrow P(A) + P(\bar{A} \mid B) = 1;$$

$$P(\bar{A} \mid B) = 1 - P(A) = P(\bar{A});$$

also $\bar{A}$ und B unabhängig.

b) Da nach Satz 1 die Unabhängigkeit von Ereignissen wechselseitig gilt, haben wir auch $P(B \mid A) = P(B)$; nach a) $\Rightarrow P(\bar{B} \mid A) = P(\bar{B})$; also A und $\bar{B}$ unabhängig.

c) Aus der Unabhängigkeit von A und B folgt nach a) die Unabhängigkeit von $\bar{A}$ und B und dann unter Benutzung von b) die Unabhängigkeit von $\bar{A}$ und $\bar{B}$.

In der Theorie und in den Anwendungen spielt der Begriff der Unabhängigkeit von Ereignissen eine wichtige Rolle. Bei praktischen Problemen greift man nur selten auf die Definition zurück, um die Unabhängigkeit von Ereignissen nachzuprüfen. Meist benutzt man auf der Problemstellung und der Erfahrung beruhende Überlegungen. So wird die Geburt eines Jungen bei einer Mutter nicht die Wahrscheinlichkeit für die Geburt eines Mädchens bei einer anderen fremden Mutter beeinflussen. Diese Ereignisse sind unabhängig.

1.17.3. Für den Fall, daß A und B unabhängige Ereignisse sind, nimmt der Satz 3 aus § 1.16. (Multiplikationssatz) eine besonders einfache Gestalt an: Wegen $P(A \mid B) = P(A)$ und $P(B \mid A) = P(B)$ wird

Satz 3: $P(A \cap B) = P(A) \, P(B)$,

falls A und B unabhängig.

Bemerkung: Manchmal wird die Unabhängigkeit zweier Ereignisse auch durch die Aussage von Satz 3 *definiert* [57]), die hier gegebene Definition der Unabhängigkeit wird dann als Satz gefolgert. Man benutzt dazu die Formeln von Satz 1 und Satz 2 aus § 1.16.:
Wenn $P(A \cap B) = P(A) \, P(B)$, dann

$$\text{für } P(B) \neq 0 \Rightarrow P(A \mid B) = \frac{P(A \cap B)}{P(B)} = \frac{P(A) \, P(B)}{P(B)} = P(A) \text{ und}$$

$$\text{für } P(A) \neq 0 \Rightarrow P(B \mid A) = \frac{P(A \cap B)}{P(A)} = \frac{P(A) \, P(B)}{P(A)} = P(B).$$

Als Verallgemeinerung von Satz 3

definieren wir: *Die n Ereignisse A_1, A_2, ..., A_n (einer Zufallserscheinung) heißen* **insgesamt unabhängig,** *wenn für jede beliebige Indexkombination $\{\alpha, \beta, ..., \rho\}$ aus der Indexmenge $\{1, 2, ..., n\}$ gilt*

$$(2) \quad P(A_\alpha \cap A_\beta \cap ... \cap A_\rho) = P(A_\alpha) \, P(A_\beta) \, ... \, P(A_\rho).$$

Entsprechend definiert man auch für abzählbar unendlich viele Ereignisse. (2) liefert in diesem Fall unendlich viele Gleichungen.

Im Fall dreier Ereignisse A, B und C erhält man aus der Bedingung (2) die 4 Gleichungen

$$P(A \cap B) = P(A) \, P(B),$$

$$P(A \cap C) = P(A) \, P(C),$$

$$P(B \cap C) = P(B) \, P(C),$$

$$P(A \cap B \cap C) = P(A) \, P(B) \, P(C).$$

Sind die n Ereignisse A_1, A_2, ..., A_n insgesamt unabhängig, so sind sie aufgrund der Definition auch paarweise unabhängig. Es sei aber bemerkt, daß aus der paarweisen Unabhängigkeit der Ereignisse A_1, A_2, ..., A_n nicht deren Unabhängigkeit insgesamt folgt.

---

[57]) Dabei kann man auf $P(A) > 0$ und $P(B) > 0$ verzichten.

Auch bei mehr als zwei Ereignissen wird man die Unabhängigkeit aber meistens auf Grund der Problemstellung oder aus der Erfahrung feststellen.

Beispiel zur Unabhängigkeit von Ereignissen:

Wie groß ist die Wahrscheinlichkeit P, bei viermaligem Werfen einer Münze zuerst zweimal „Zahl" und dann zweimal „Wappen" zu erhalten?

Lösung: Die Ereignisse „Zahl" − „Wappen" beim Münzewerfen sind unabhängig; die Wahrscheinlichkeit ist jeweils $\frac{1}{2}$;

$$\Rightarrow P = \left(\frac{1}{2}\right)^4 = \frac{1}{16}.$$

§ 1.18. Die Formel für die totale Wahrscheinlichkeit

1.18.1. Wir gehen davon aus, daß ein beliebiges Ereignis A einer Zufallserscheinung durch die Ereignisse $A_1, A_2, \ldots, A_n$ eines vollständigen Systems von Ereignissen (§ 1.9.) dieser Zufallserscheinung dargestellt wird als

(1) $\quad A = \bigcup_{j=1}^{n} (A \cap A_j).$

Es soll nun die Wahrscheinlichkeit von A mit Hilfe der Wahrscheinlichkeiten $P(A_j)$ ausgedrückt werden. Wir beweisen folgenden

Satz 1 *(Formel der totalen Wahrscheinlichkeit):*

$$P(A) = \sum_{j=1}^{n} P(A_j)\, P(A\,|\,A_j).$$

Beweis: Da $(A \cap A_i)$ und $(A \cap A_j)$ für $i \neq j$ nach Satz 1 in § 1.9. unvereinbare Ereignisse sind, folgt aus (1) mit Hilfe des Additionsaxioms

$$P(A) = \sum_{j=1}^{n} P(A \cap A_j);$$

nach Satz 3 in § 1.16. (Multiplikationssatz) $\Rightarrow P(A \cap A_j) = P(A_j) P(A \mid A_j)$;

$$\Rightarrow P(A) = \sum_{j=1}^{n} P(A_j) P(A \mid A_j).^{58})$$

§ 1.19. Die Formeln von Bayes

1.19.1. Wir gehen wieder davon aus, daß ein beliebiges Ereignis A einer Zufallserscheinung durch die Ereignisse A_1, A_2, ..., A_n eines vollständigen Systems von Ereignissen dieser Zufallserscheinung dargestellt wird als

$$A = \bigcup_{j=1}^{n} (A \cap A_j).$$

Wir fragen nun nach der Wahrscheinlichkeit eines Ereignisses A_i, wenn bekannt ist, daß A eingetreten ist, also nach der bedingten Wahrscheinlichkeit $P(A_i \mid A)$. Es gilt der folgende

Satz 1 *(Formeln von Bayes*[59]*)*:

$$P(A_i \mid A) = \frac{P(A_i) P(A \mid A_i)}{\sum\limits_{j=1}^{n} P(A_j) P(A \mid A_j)},$$

falls $P(A) \neq 0$ *ist* $(i = 1, 2, ..., n)$.

Beweis: Nach Satz 3 in § 1.16. (Multiplikationssatz) ist

$$P(A \cap A_i) = P(A_i) P(A \mid A_i) = P(A) P(A_i \mid A);$$

---

[58]) Satz 1 gilt auch für n unendlich.
[59]) Thomas Bayes (Pastor, Statistiker), 1702–1761.

$$\Rightarrow P(A_i \mid A) = \frac{P(A_i)\, P(A \mid A_i)}{P(A)}, \text{ falls } P(A) \neq 0.$$

Indem wir im Nenner Satz 1 aus § 1.18. (Formel der totalen Wahrscheinlichkeit) anwenden, folgt die Behauptung.[60])

Die Formeln von Bayes werden in der Praxis benutzt, um die
Wahrscheinlichkeiten von Hypothesen abzuschätzen. Eine oft ge-
brauchte Bezeichnung ist daher auch „Formel über die Wahrscheinlichkeit der Ursachen". Man wendet die Bayesschen Formeln häufig
dann an, wenn man aus dem Eintreten eines Ereignisses A auf die
Wahrscheinlichkeiten der Hypothesen (Ursachen) A_i ($i = 1, 2, \ldots$)
schließen will; dabei müssen die A_i ein vollständiges System von
Ereignissen bilden. Man will also untersuchen, inwiefern das Eintreten von A die Hypothesen A_i bestätigt oder widerlegt. Die Wahrscheinlichkeiten $P(A_i)$ sollen dabei bekannt sein und heißen
„a-priori-Wahrscheinlichkeiten", die Wahrscheinlichkeiten $P(A_i \mid A)$,
die also nach dem Eintreten von A genommen sind, heißen die
„a-posteriori-Wahrscheinlichkeiten."

---

[60]) Satz 1 gilt auch für n unendlich.

Abschnitt 2:

Wahrscheinlichkeitsverteilungen

§ 2.1. Zufallsvariable

2.1.1. Elementarereignisse einer Zufallserscheinung haben wir bisher durch das Symbol ω oder durch ω_1, ω_2, ... (mit Indizes) bezeichnet. Bei der Zufallserscheinung Würfelwerfen bietet es sich nun an, die 6 Elementarereignisse „ω_1 = Werfen einer 1", ..., „ω_6 = Werfen einer 6" einfach durch die Zahlen 1, ..., 6 zu beschreiben. Wir sagen dann, dem Elementarereignis ω_j wird der Wert der Zufallsvariablen[1]) $X = j$ zugeordnet, wobei j die Zahlen $1, 2, ..., 6$ durchlaufen kann. Durch Einführung der Zufallsvariablen werden die Elementarereignisse einer Zufallserscheinung also durch reelle Zahlen beschrieben.

Auch wenn die Elementarereignisse ein artmäßiges Merkmal zeigen, wie bei der Zufallserscheinung Münzewerfen, können wir eine Zufallsvariable einführen. Bedeutet bei diesem Beispiel etwa „ω_1 = Werfen von Zahl" und „ω_2 = Werfen von Wappen", so definieren wir die Werte der Zufallsvariablen X zum Beispiel durch die Vorschrift

$$\omega_1 \Leftrightarrow X = 0; \quad \omega_2 \Leftrightarrow X = 1.$$

Für den Fall, daß man Gewichte von maschinell verpackten 1-kg-Paketen untersucht, kann man als Werte der Zufallsvariablen X die positiven reellen Zahlen nehmen. – Interessiert man sich jedoch

---

[1]) Zufallsgröße; engl. random variable; chance variable; stochastic variable (von griech. $\sigma\tau o\chi\acute{a}\xi\varepsilon\sigma\vartheta\alpha\iota$). – Manchmal werden Zufallsvariablen statt mit X usw. mit griechischen Buchstaben wie ξ usw. bezeichnet.

nur dafür, ob das Gewicht weniger als 1 kg oder mindestens 1 kg beträgt, so wird man den beiden Elementarereignissen (vgl. 1.8.1.)

ω_1^* = Ereignis, daß das Gewicht < 1 kg ist, und

ω_2^* = Ereignis, daß das Gewicht $\geqslant 1$ kg ist,

etwa die Werte der Zufallsvariablen $X = 0$ und $X = 1$ zuordnen.

2.1.2. Nach diesen einleitenden Bemerkungen wollen wir den Begriff *Zufallsvariable* genauer fassen. Es handelte sich offenbar darum, den Elementarereignissen einer Zufallserscheinung reelle Zahlen zuzuordnen, also eine Abbildung (Funktion) X zu definieren, welche die Menge Ω der Elementarereignisse eindeutig in die Menge $\mathbb{R}$ der reellen Zahlen abbildet:

$$X : \Omega \to \mathbb{R}.$$

Die Funktionswerte $X(\omega)$ mit $\omega \in \Omega$ sind also reelle Zahlen; $X(\omega)$ wird auch als *Realisation* der Zufallsvariablen X bezeichnet. Der Einfachheit halber werden wir die Funktionswerte $X(\omega)$ häufig auch mit X bezeichnen und statt „Wert der Zufallsvariablen" kurz „Zufallsvariable" sagen.

Nun kann aber aus Gründen, die sich beim Aufbau der Theorie ergeben, nicht jede auf Ω definierte reellwertige Funktion als Zufallsvariable genommen werden[2]).

Wir gehen aus von einem Wahrscheinlichkeitsraum $[\Omega, \mathfrak{A}, P]$. Um die zusätzliche Forderung an eine Zufallsvariable zu formulieren, bezeichnen wir mit A_x die Menge der Elemente $\omega \in \Omega$, für welche die Zufallsvariable Werte kleiner oder gleich der beliebigen festen Zahl $x \in \mathbb{R}$ annimmt, also

$$A_x = \{\omega \mid X(\omega) \leqslant x\} \qquad (x \in \mathbb{R}; \ \omega \in \Omega).$$

M.a.W. ist demnach A_x das Ereignis, daß die Zufallsvariable Werte $\leqslant x$ annimmt.

---

[2]) Z.B. im Hinblick auf die Definition der Verteilungsfunktion (§ 2.2.).

Wir verlangen nun noch von einer Zufallsvariablen, daß die Wahrscheinlichkeit für jedes Ereignis A_x erklärt ist, d.h., daß

(1) $P(A_x) = P(\{\omega \mid X(\omega) \leqslant x\})$

für jedes $x \in \mathbb{R}$ definiert ist. Für die rechte Seite in (1) schreiben wir auch kurz

$$P(X \leqslant x).$$

Das bedeutet aber, daß jede Menge

$$A_x = \{\omega \mid X(\omega) \leqslant x\} \quad (x \in \mathbb{R})$$

von Elementen $\omega \in \Omega$ zu der σ-Algebra $\mathfrak{A} \subseteq \mathfrak{P}(\Omega)$ gehören muß, da dann die Wahrscheinlichkeit $P(A_x) = P(\{\omega \mid X(\omega) \leqslant x\}) = P(X \leqslant x)$ existiert.

Wir können somit

definieren: *Sei* $[\Omega, \mathfrak{A}, P]$ *ein Wahrscheinlichkeitsraum. Eine auf* Ω *definierte reellwertige Funktion* X *heißt Zufallsvariable, wenn jede Menge*

$$A_x = \{\omega \mid X(\omega) \leqslant x\} \quad (\omega \in \Omega, \ x \in \mathbb{R} \text{ beliebig})$$

zu $\mathfrak{A}$ *gehört*[3]).

Beispiel: Wir betrachten die Zufallserscheinung Würfelwerfen; die Menge Ω besteht dann aus den 6 Elementen $\{\omega_1, \omega_2, \ldots, \omega_6\}$, wobei ω_j das Ereignis bedeutet, die Augenzahl j zu werfen. Als σ-Algebra $\mathfrak{A}$ können wir die Potenzmenge $\mathfrak{P}(\Omega)$ nehmen. Es liegt hier nahe, als Zufallsvariable zu nehmen $X = X(\omega_j) = j$ $(j = 1, \ldots, 6)$. Die Bedingung, daß jede Menge von Elementen $\omega \in \Omega$ mit $\{\omega \mid X(\omega) \leqslant x\}$ ($x \in \mathbb{R}$ beliebig) zu $\mathfrak{A}$ gehört, ist offenbar erfüllt.

Für die gleiche Zufallserscheinung mit demselben Ω und demselben $\mathfrak{A}$ können wir die Zufallsvariable X zum Beispiel auch festsetzen durch

---

[3]) Vom maßtheoretischen Standpunkt bedeutet diese Bedingung die „Meßbarkeit" der Funktion X.

$$X(\omega_1) = X(\omega_3) = X(\omega_5) = 1,$$

$$X(\omega_2) = X(\omega_4) = X(\omega_6) = 2.$$

Ist bei dem Wahrscheinlichkeitsraum $[\Omega, \mathfrak{A}, P]$ die σ-Algebra $\mathfrak{A}$ gleich der Potenzmenge von Ω, also $\mathfrak{A} = \mathfrak{P}(\Omega)$, dann ist jede Menge $A_x = \{\omega \mid X(\omega) \leqslant x\} \in \mathfrak{A}$; somit kann in diesem Fall jede Funktion $X : \Omega \to \mathbb{R}$ als Zufallsvariable genommen werden.

2.1.3. Manchmal wird die Zufallsvariable auch mit Hilfe von Abbildungen bei Mengen (siehe § I.) erklärt. Wir brauchen dazu noch folgende

Definition: *Gegeben sei die Abbildung (Funktion) $f : A \to B$. Als Urbild einer Menge $M \subseteq B$ bezeichnen wir die Menge A^* aller derjenigen Elemente $x \in A$, denen durch die Abbildung f Bildelemente $y = f(x) \in M$ zugeordnet werden. Also*

$$A^* = \{x \in A \mid f(x) \in M\}.$$

Man schreibt

$$A^* = f^{-1}(M).$$

Diese Definition ist in Fig. 1 noch einmal veranschaulicht.

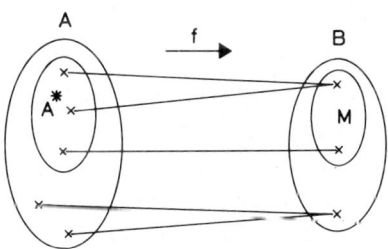

Fig. 1

Damit können wir nun den Begriff Zufallsvariable so

definieren: *Sei $[\Omega, \mathfrak{A}, P]$ ein Wahrscheinlichkeitsraum. Eine auf Ω definierte Funktion X, welche Ω eindeutig in $\mathbb{R}$ abbildet, also*

$$X : \Omega \to \mathbb{R},$$

heißt Zufallsvariable, wenn das Urbild A^* eines jeden Intervalls $M =]-\infty, x]$
$\subseteq \mathbb{R}$ ein Element $\in \mathfrak{A}$ ist; also

$$A^* = X^{-1}(M) = X^{-1}(]-\infty, x]) \in \mathfrak{A} \text{ für alle } x \in \mathbb{R}.$$

2.1.4. Wir wollen noch folgende Bezeichnung vereinbaren: Ist
$M \subseteq \mathbb{R}$ eine beliebige Menge reeller Zahlen mit $X^{-1}(M) \in \mathfrak{A}$, so
bedeutet $\{X \in M\}$ das Ereignis, daß die Zufallsvariable $X = X(\omega)$
Werte $\in M$ annimmt; d.h. es ist $\{X \in M\}$ das Ereignis, daß bei der
Abbildung

$$X: \Omega \to \mathbb{R}$$

von $X = X(\omega)$ Werte $\in M$ angenommen werden, also

$$\{X \in M\} = \{\omega \mid X(\omega) \in M\} \ (\omega \in \Omega).$$

Insbesondere mit $M =]-\infty, x]$ wird dann $\{X \leqslant x\}$ das Ereignis,
daß die Zufallsvariable $X = X(\omega)$ Werte $\leqslant x$ annimmt, also
$\{X \leqslant x\} = \{\omega \mid X(\omega) \leqslant x\}$. Ebenso sind die Schreibweisen $\{X > x\}$
und $\{a < X \leqslant b\}$ zu verstehen.

Die zu diesen Ereignissen gehörigen Wahrscheinlichkeiten schreiben
wir

$$P(M) = P(X \in M) = P(\{\omega \mid X(\omega) \in M\}) \qquad (\omega \in \Omega);$$

$$P(X \leqslant x) = P(\{\omega \mid X(\omega) \leqslant x\}).$$

Ebenso sind die Schreibweisen $P(X > x)$ und $P(a < X \leqslant b)$ zu
verstehen. Wenn M nur aus einem einzigen Punkt x_0 besteht,
schreiben wir $P(X = x_0)$.

Da $\{X \leqslant x\}$ und $\{X > x\}$ für jedes $x \in \mathbb{R}$ komplementär sind und
sich demnach gegenseitig ausschließen (unvereinbar sind),

$$\Rightarrow P(X \leqslant x) + P(X > x) = 1;$$

$$P(X > x) = 1 - P(X \leqslant x).$$

Bei der Zufallserscheinung Würfelwerfen, wo die Zufallsvariable X
wie gewöhnlich eingeführt ist, haben wir z.B.

$$P(X = 2) = \frac{1}{6}; \quad P(1 < X \leqslant 4) = \frac{3}{6}; \quad P(2,3 < X) = \frac{4}{6};$$

$$P(2 < X < 3) = 0.$$

2.1.5. Man kann nachweisen, daß, wenn X Zufallsvariable ist, auch

$X + c$, cX (c = Konstante), X^2 und allgemein X^r ($r \in \mathbb{N}$) sowie
$|X|$

Zufallsvariablen sind[4]). Man bildet also aus der Zufallsvariablen X nach einer eindeutigen Vorschrift (Funktion) jeweils eine neue Zufallsvariable Y (vgl. auch 2.4.2.).

Eine Zufallsvariable X, welche nur endlich viele oder abzählbar unendlich viele Werte $x_1, x_2, \ldots, x_j, \ldots$ annimmt, heißt *diskret.*

Beispiel: Die Zufallserscheinungen Würfelwerfen und Münzewerfen liefern diskrete Zufallsvariablen.

Jede Vorschrift, durch welche die Wahrscheinlichkeiten einer Zufallsvariablen eindeutig charakterisiert werden, heißt *Verteilungsgesetz* oder kurz *Verteilung* der Zufallsvariablen. Eine solche Vorschrift ist z. B. die Verteilungsfunktion, die wir in dem nächsten Paragraphen besprechen.

§ 2.2. Verteilungsfunktion

2.2.1. Wir betrachten einen Wahrscheinlichkeitsraum $[\Omega, \mathfrak{A}, P]$, bei welchem den Elementarereignissen $\omega \in \Omega$ durch die Zufallsvariable $X = X(\omega)$ reelle Zahlen zugeordnet werden.

Es sei $x \in \mathbb{R}$ beliebig. Die Wahrscheinlichkeit, daß die Zufallsvariable X Werte $\leqslant x$ annimmt, also $P(X \leqslant x)$, ist nur von x abhängig; d. h.

---

[4]) Dabei bedeutet $X + c = X(\omega) + c$; $cX = cX(\omega)$; $X^2 = (X(\omega))^2$.

$P(X \leqslant x)$ ist eine Funktion von x. Wir schreiben

$$P(X \leqslant x) = F(x)$$

und nennen $F(x)$ die *Verteilungsfunktion* der Zufallsvariablen X[5]).

Weil aufgrund der Definition der Zufallsvariablen $P(X \leqslant x)$ für alle $x \in \mathbb{R}$ definiert ist, existiert auch die Verteilungsfunktion $F(x)$ für alle $x \in \mathbb{R}$.

Durch die Kenntnis der Verteilungsfunktion $F(x)$ ist die „Wahrscheinlichkeitsverteilung" der Zufallsvariablen X umkehrbar eindeutig festgelegt.

Beispiel: Wir betrachten die Zufallserscheinung Würfelwerfen. Die Elementarereignisse ω_1, ω_2, ..., ω_6 sollen, wie üblich, jeweils beim Werfen von 1, 2, ..., 6 eintreten. Die Zufallsvariable X sei erklärt durch $X(\omega_j) = j$ (X ist also die getroffene Augenzahl), und es sei $P(\omega_j) = P(X = j) = \frac{1}{6}$ ($j = 1, 2, ..., 6$). Dann erhalten wir folgende Verteilungsfunktion:

Für $x < 1$ ist $F(x) = P(X \leqslant x) = 0$;

für $1 \leqslant x < 2$ ist $F(x) = P(X \leqslant x) = P(X = 1) = \frac{1}{6}$;

für $2 \leqslant x < 3$ ist $F(x) = P(X \leqslant x) = P(X = 1) + P(X = 2) = \frac{2}{6}$;

für $3 \leqslant x < 4$ ist $F(x) = P(X \leqslant x) = P(X = 1) + P(X = 2) +$

$$+ P(X = 3) = \frac{3}{6};$$

usw.

für $4 \leqslant x < 5$ ist $F(x) = \frac{4}{6}$;

für $5 \leqslant x < 6$ ist $F(x) = \frac{5}{6}$;

---

[5]) Genauer kann man schreiben $F(x) = P(\{\omega \mid X(\omega) \leqslant x\})$ ($\omega \in \Omega$). – Manchmal wird auch $F(x) = P(X < x)$ definiert.

für $x \geqslant 6$ ist $F(x) = P(X \leqslant x) = \sum_{j=1}^{6} P(X = j) = \frac{6}{6} = 1$.

Der Graph dieser Funktion ist in Fig. 1 dargestellt.

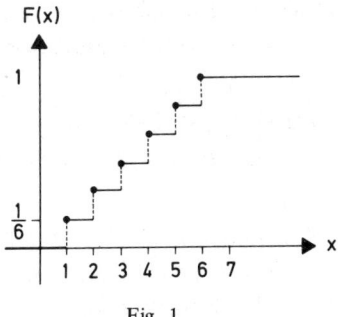

Fig. 1

Man erhält eine „Treppenfunktion".

Aus der Kenntnis der Verteilungsfunktion einer Zufallsvariablen X kann man nun die Wahrscheinlichkeit des Ereignisses bestimmen, daß X Werte zwischen zwei gegebenen Zahlen a und b annimmt, also die Wahrscheinlichkeit für das Bestehen der Ungleichung

$a < X \leqslant b$ $\quad (a \leqslant b;\ a, b \in \mathbb{R})$.

Es gilt der folgende

Satz 1: $P(a < X \leqslant b) = F(b) - F(a)$.

Beweis: Wir bezeichnen mit

A das Ereignis, daß die Zufallsvariable X Werte $\leqslant a$ annimmt; also $A = \{X \leqslant a\}$[6]),

B das Ereignis, daß die Zufallsvariable X Werte $\leqslant b$ annimmt; also $B = \{X \leqslant b\}$;

C das Ereignis, daß die Zufallsvariable X Werte mit $a < X \leqslant b$ annimmt; also $C = \{a < X \leqslant b\}$.

---

[6]) Genauer $A = \{\omega \mid X(\omega) \leqslant a\}$.

Dann ist offenbar $B = A \cup C$, und A und C sind unvereinbare Ereignisse, d.h. $A \cap C = \emptyset$; nach Axiom (III) in § 1.14.

$$\Rightarrow P(B) = P(A) + P(C),$$

$$P(C) = P(B) - P(A).$$

Nun ist aber $P(C) = P(a < X \leqslant b)$; $P(A) = P(X \leqslant a) = F(a)$ und $P(B) = P(X \leqslant b) = F(b)$. Damit haben wir die Behauptung.

Beispiel: Bei der Zufallserscheinung Würfelwerfen ist

$$P(3 < X \leqslant 6) = F(6) - F(3) = \frac{6}{6} - \frac{3}{6} = \frac{3}{6} = \frac{1}{2}.$$

2.2.2. *Eigenschaften der Verteilungsfunktion*

Satz 2: *Die Verteilungsfunktion $F(x)$ ist eine nicht fallende Funktion, d.h. für $x_1 < x_2$ ($x_1, x_2 \in \mathbb{R}$ beliebig) gilt $F(x_1) \leqslant F(x_2)$.*

Beweis: Nach Satz 1 ist $0 \leqslant P(x_1 < X \leqslant x_2) = F(x_2) - F(x_1)$, also $F(x_1) \leqslant F(x_2)$.

Satz 3: *Es gilt* $\lim\limits_{x \to \infty} F(x) = 1$ *und* $\lim\limits_{x \to -\infty} F(x) = 0$.

Beweis: $\lim\limits_{x \to \infty} F(x) = \lim\limits_{x \to \infty} P(X \leqslant x) = P(E) = 1^7)$

$$(E = \text{sicheres Ereignis});$$

$$\lim\limits_{x \to -\infty} F(x) = \lim\limits_{x \to -\infty} P(X \leqslant x) = P(\emptyset) = 0$$

$$(\emptyset = \text{unmögliches Ereignis}).$$

Ohne Beweis erwähnen wir noch

Satz 4: *Ist $x_0 \in \mathbb{R}$ beliebig, so gilt*

$$\lim\limits_{x \to x_0^+} F(x) = F(x_0)^8).$$

Nun wollen wir auch die umgekehrte Fragestellung betrachten und untersuchen, wann eine reelle Funktion als Verteilungsfunktion

---

[7]) Bei dem Grenzübergang benutzen wir $\lim\limits_{x \to \infty} P(X \leqslant x) = P(\lim\limits_{x \to \infty} \{X \leqslant x\})$.

[8]) Die Schreibweise $x \to x_0^+$ bedeutet, daß die Annäherung von x an x_0 von oben her, also von Werten $x > x_0$ erfolgt. – Man sagt auch, daß $F(x)$ in x_0 rechtsseitig stetig ist.

einer Zufallsvariablen X aufgefaßt werden kann. Man kann zeigen, daß eine reelle Funktion $F(x)$ genau dann eine Verteilungsfunktion ist, wenn

(1) $F(x)$ eine nicht fallende Funktion ist;

(2) $\lim\limits_{x \to \infty} F(x) = 1$ und $\lim\limits_{x \to -\infty} F(x) = 0$ gilt;

(3) $\lim\limits_{x \to x_0^+} F(x) = F(x_0)$ für jedes $x_0 \in \mathbb{R}$ gilt.

Wenn eine Funktion $F(x)$ diese Bedingungen (1) bis (3) erfüllt, gibt es also einen Wahrscheinlichkeitsraum $[\Omega, \mathfrak{A}, P]$ mit einer Zufallsvariablen $X = X(\omega)$, die $F(x)$ als Verteilungsfunktion hat.

Man kann weiter beweisen, daß eine Verteilungsfunktion $F(x)$ höchstens endlich viele oder abzählbar unendlich viele Sprungstellen besitzen kann.

Ist eine Verteilungsfunktion $F(x)$ streng monoton wachsend, d.h. für $x_1 < x_2$ ($x_1, x_2 \in \mathbb{R}$ beliebig) gilt $F(x_1) < F(x_2)$, dann existiert in diesem Fall auch die Umkehrfunktion $F^{-1}(x)$.

§ 2.3. Diskrete und stetige Verteilungen

2.3.1. Wir betrachten zunächst solche Zufallsvariablen X, welche nur endlich viele oder abzählbar unendlich viele Werte annehmen können. Wir sprechen dann von *diskreten Zufallsvariablen*.

Seien $x_1, x_2, \ldots, x_j, \ldots$ die endlich oder abzählbar unendlich vielen Werte $\in \mathbb{R}$, welche X annimmt.[9]) Um X wahrscheinlichkeitstheoretisch vollständig zu charakterisieren, kann man die Wahrscheinlichkeiten angeben, mit denen X die Werte x_j ($j = 1, 2, \ldots$) annimmt; sei also $P(X = x_j) = p_j$.[10]) Die Folge $p_1, p_2, \ldots, p_j, \ldots$

---

[9]) X nimmt also genau diese und keine anderen Werte an.
[10]) $P(X = x_j) = p_j$ bedeutet in exakter Schreibweise $P(X^{-1}(x_j)) = p_j$.

der Wahrscheinlichkeiten zusammen mit der Folge $x_1, x_2, \ldots, x_j, \ldots$ der Werte der Zufallsvariablen X bestimmt somit die diskrete Verteilung. Man kann dann auch sagen, daß die diskrete Wahrscheinlichkeitsverteilung durch die Folge der geordneten Zahlenpaare (x_j, p_j) $(j = 1, 2, \ldots)$ gegeben ist.

Die Funktion, welche den Werten x_j, die die Zufallsvariable X annehmen kann, die Wahrscheinlichkeiten p_j zuordnet, also

$$x_j \rightarrow p_j = P(X = x_j) \qquad (j = 1, 2, \ldots),$$

wollen wir die *Funktion der Wahrscheinlichkeitsverteilung der Zufallsvariablen* X oder kurz *Wahrscheinlichkeitsfunktion* von X nennen. Sie ist nur für die diskreten Werte x_j $(j = 1, 2, \ldots)$ definiert. Ihr Graph sieht für die Zufallserscheinung Würfelwerfen folgendermaßen aus (Fig. 1):

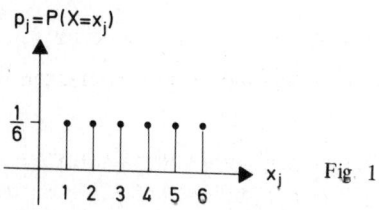

Fig. 1

Als Verteilungsfunktion $F(x) = P(X \leqslant x)$ einer diskreten Zufallsvariablen hat man die Summe

(1) $F(x) = \sum_j p_j,$

wobei der Summationsindex j alle Zahlen $1, 2, \ldots$ zu durchlaufen hat, für welche $x_j \leqslant x$ ist. (Leere Summen sind gleich 0 zu setzen.) Gleichung (1) benutzt Axiom (III) aus § 1.14.

Wegen Satz 2 in § 2.2. gilt dann

(2) $1 = \lim_{x \to \infty} F(x) = \sum_{j = 1, 2, \ldots} p_j = \sum_{j = 1, 2, \ldots} P(X = x_j),$

wobei nun j alle zulässigen Werte 1, 2, ... durchläuft. Ferner ist

$$(3) \quad P(a < X \leqslant b) = \sum_j p_j = \sum_j P(X = x_j),$$

wobei nun j alle die Indizes zu durchlaufen hat, für die $a < x_j \leqslant b$ ist.

Umgekehrt kann man sagen, daß jede Folge $p_1, p_2, \ldots, p_j, \ldots$ nicht-negativer reeller Zahlen mit der Bedingung $\sum\limits_{j = 1, 2, \ldots} p_j = 1$ als Folge der Wahrscheinlichkeiten einer diskreten Zufallsvariablen X aufgefaßt werden kann, also $P(X = x_j) = p_j$ ($j = 1, 2, \ldots$). Die zu-gehörige Verteilungsfunktion $F(x) = P(X \leqslant x)$ erfüllt nämlich die für eine Verteilungsfunktion charakteristischen Eigenschaften (1) bis (3) aus § 2.2. Ist $M \subseteq \mathbb{R}$ eine beliebige Menge, so wird ebenso wie in (1)

$$P(X \in M) = \Sigma \, p_j,$$

wobei die Summe nun über alle Indizes j zu erstrecken ist, für die $x_j \in M$ ist.

Die Verteilungsfunktion jeder diskreten Zufallsvariablen ist eine Treppenfunktion, sie hat Sprungstellen an den Stellen x_j, die

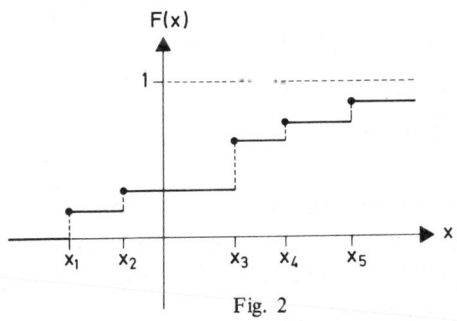

Fig. 2

Sprunghöhen sind p_j. Zwischen je zwei Sprungstellen ist die Ver-teilungsfunktion konstant (Fig. 2).

2.3.2. *Beispiele:* 1.) Nimmt man $x_j = 0, 1, \ldots, k, \ldots, n$ und die zugehörigen Wahrscheinlichkeiten $P(X = x_j) = p_j = P(X = k) = \binom{n}{k} p^k (1-p)^{n-k}$

$(k = 0, 1, \ldots, n)$ mit einem p $(0 \leqslant p \leqslant 1)$, so ist unter Benutzung des binomischen Satzes

$$\sum_j p_j = \sum_{k=0}^{n} P(X = k) = \sum_{k=0}^{n} \binom{n}{k} p^k (1-p)^{n-k} = 1.$$

Die zugehörige diskrete Verteilung heißt *Binomialverteilung* und wird in § 3.1. behandelt.

2.) Für $x_j = 0, 1, 2, \ldots, k, \ldots$ und die zugehörigen Wahrscheinlichkeiten

$$P(X = x_j) = p_j = P(X = k) = \frac{\lambda^k}{k!} e^{-\lambda} \quad (k = 0, 1, 2, \ldots) \text{ mit } \lambda > 0 \text{ erhält man}$$

$$\sum_j p_j = \sum_{k=0}^{\infty} P(X = k) = \sum_{k=0}^{\infty} \frac{\lambda^k}{k!} e^{-\lambda} = e^{-\lambda} \sum_{k=0}^{\infty} \frac{\lambda^k}{k!} = e^{-\lambda} e^{\lambda} = 1.$$

Die zugehörige diskrete Verteilung heißt *Poissonverteilung* und wird in § 3.2. behandelt.

2.3.3. Als zweite wichtige Klasse von Zufallsvariablen betrachten wir solche Zufallsvariablen X, deren Verteilungsfunktion $F(x) = P(X \leqslant x)$ eine stetige Funktion ist. Wir sprechen dann von *stetigen Zufallsvariablen* und *stetigen Verteilungen*.

Die Wahrscheinlichkcit, daß die stetige Zufallsvariable X Werte im Intervall $x < X \leqslant x + \triangle x$ annimmt, ist

$$P(x < X \leqslant x + \triangle x) = P(X \leqslant x + \triangle x) - P(X \leqslant x) = F(x + \triangle x) - F(x).$$

Damit wird die „relative Wahrscheinlichkeit", daß X Werte im Intervall $x < X \leqslant x + \triangle x$ annimmt, gleich

$$\frac{1}{\triangle x} P(x < X \leqslant x + \triangle x) = \frac{F(x + \triangle x) - F(x)}{\triangle x}.$$

Dies ist ein Differenzenquotient. Beim Grenzübergang $\triangle x \to 0$ folgt

$$(4) \quad \lim_{\triangle x \to 0} \frac{F(x + \triangle x) - F(x)}{\triangle x} = F'(x),$$

falls die Ableitung an der Stelle x existiert.

Man setzt $F'(x) = f(x)$ und nennt $f(x)$ *Wahrscheinlichkeitsdichte*
oder *Dichtefunktion* oder kurz *Dichte*.

Die „relative Wahrscheinlichkeit" $\dfrac{1}{\Delta x} P(x < X \leqslant x + \Delta x)$ können
wir damit auch schreiben als

$$\frac{1}{\Delta x} P(x < X \leqslant x + \Delta x) = f(x) + \epsilon \text{ mit } \epsilon \to 0 \text{ für } \Delta x \to 0;$$

und die Wahrscheinlichkeit, daß X Werte im Intervall $x < X \leqslant x + \Delta x$
annimmt, als

$$P(x < X \leqslant x + \Delta x) = f(x) \, \Delta x + \epsilon \, \Delta x \text{ mit } \epsilon \to 0 \text{ für } \Delta x \to 0.$$

2.3.4. Da die Ableitung

$$F'(x) = \lim_{\Delta x \to 0} \frac{F(x + \Delta x) - F(x)}{\Delta x}.$$

nicht für alle $x \in \mathbb{R}$ zu existieren braucht[11]), definiert man die
Dichtefunktion besser folgendermaßen:

Definition: *Sei die Verteilungsfunktion $F(x)$ der Zufallsvariablen
X stetig. Wenn $F(x)$ für alle $x \in \mathbb{R}$ dargestellt werden kann als*

$$(5) \quad F(x) = \int_{-\infty}^{x} f(t) \, dt$$

*mit einer Funktion $f(x) \geqslant 0$[12]), dann heißt $f(x)$ Dichtefunktion
(oder kurz Dichte) zur Verteilungsfunktion $F(x)$ oder zur Verteilung von X.*

Wahrscheinlichkeitsverteilungen, die eine Dichtefunktion besitzen,
nennt man auch *kontinuierlich*.

---

[11]) $F(x)$ ist zwar stetig, kann aber Knickpunkte besitzen; in diesen Punkten
hat dann $F(x)$ keine Ableitung.

[12]) Da in (5) im Integral x zur Bezeichnung der oberen Integrationsgrenze
benutzt wurde, bezeichnen wir die Integrationsveränderliche mit t.

Durch Differentiation des Integrals in (5) nach der oberen Integrationsgrenze erhält man folgenden

Satz 1: *Es gilt*

(6) $\quad F'(x) = \dfrac{dF(x)}{dx} = f(x)$

für alle x, für die der Integrand, also die Dichtefunktion $f(x)$, stetig ist.
Die Gleichung (6) bedeutet, daß die Verteilungsfunktion $F(x)$ stark
anwächst an den Stellen, wo $f(x)$ groß ist, und $F(x)$ schwach anwächst, wo $f(x)$ klein ist. In Intervallen, wo $f(x)$ verschwindet, ist
$F(x)$ konstant.

Der Zusammenhang zwischen Verteilungsfunktion und Dichtefunktion läßt sich nun geometrisch folgendermaßen darstellen (Fig. 3):

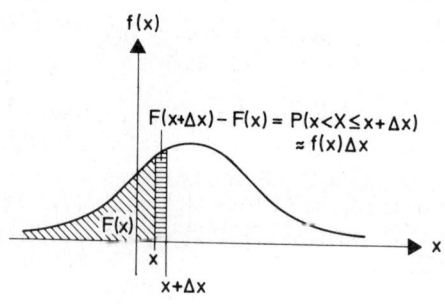

Fig. 3

$F(x)$ können wir als Fläche von $-\infty$ bis x unter der Kurve $f(x)$
auffassen.

Anschaulich gibt also die Dichtefunktion $f(x)$ an, wie die Wahrscheinlichkeit einer stetigen Zufallsvariablen X über die Zahlenge-
rade $\mathbb{R}$ verteilt ist. In Intervallen, wo $f(x)$ groß (klein) ist, ist die
Wahrscheinlichkeit für X groß (klein). (Vgl. auch die folgende Eigenschaft (8)).

2.3.5. *Eigenschaften der Dichtefunktion* $f(x)$

(7) $\quad \displaystyle\int_{-\infty}^{+\infty} f(x)\,dx = 1.$

Eigenschaft (7) folgt aus Satz 2 in § 2.2., wonach gilt

$$1 = \lim_{x \to \infty} F(x) = \lim_{x \to \infty} \int_{-\infty}^{x} f(t)\,dt.$$

(8) Die Wahrscheinlichkeit $P(a < X \leqslant b)$ können wir schreiben als

$$P(a < X \leqslant b) = \int_{a}^{b} f(x)\,dx \qquad (a \leqslant b).$$

Hierbei ist auch $a = -\infty$ und $b = +\infty$ zugelassen.

Beweis: $P(a < X \leqslant b) = F(b) - F(a) = \displaystyle\int_{-\infty}^{b} f(x)\,dx - \int_{-\infty}^{a} f(x)\,dx = \int_{a}^{b} f(x)\,dx.$

Es sei noch bemerkt, daß die Wahrscheinlichkeit dafür, daß die stetige Zufallsvariable X einen einzigen Wert a annimmt, gleich 0 ist; also

(9) $\quad P(X = a) = 0.$

Dies bedeutet natürlich nicht, daß der Wert a von der Zufallsvariablen X nicht angenommen werden könnte; das Ereignis $X = a$ tritt eben mit der Wahrscheinlichkeit 0 ein.

Weiter können wir mit Hilfe von (8) und (9) für eine stetige Zufallsvariable X mit der Dichtefunktion $f(x)$ folgern, daß auch gilt

$$\int_{a}^{b} f(x)\,dx = P(a \leqslant X \leqslant b) = P(a \leqslant X < b) = P(a < X < b).$$

Umgekehrt kann man jede reelle Funktion $f(x) \geqslant 0$, welche die Eigenschaft (7) erfüllt, auch als Dichtefunktion einer stetigen Zufallsvariablen auffassen. Denn $F(x) = \int\limits_{-\infty}^{x} f(t)\,dt$ erfüllt, wie man leicht sieht, die Bedingungen (1) bis (3) aus § 2.2. für eine Verteilungsfunktion.

Wird die Dichtefunktion $f(x)$ in endlich vielen Punkten x abgeändert, so hat dies keinen Einfluß auf die Verteilungsfunktion $F(x)$ und damit auf die Verteilung, denn der Wert $\int\limits_{-\infty}^{x} f(t)\,dt$ wird von dieser Abänderung nicht beeinflußt.

Wenn man von einer stetigen Zufallsvariablen spricht, bezieht sich die Beziehung „stetig" darauf, daß die Verteilungsfunktion eine stetige Funktion ist, die Dichtefunktion braucht keineswegs stetig zu sein. (Vgl. dazu die folgenden Beispiele.)

Neben den diskreten und den stetigen Zufallsvariablen kann es noch sehr viele andere Arten von Zufallsvariablen geben. Es kann z. B. sein, daß eine Zufallsvariable in gewissen Intervallen stetig ist, in anderen Intervallen diskret; eine solche Zufallsvariable wäre teilweise stetig und teilweise diskret.

2.3.6. *Spezialfälle der Dichtefunktion:*

1.) Die zur Dichtefunktion (Fig. 4)

$$(10)\quad f(x) = \begin{cases} 0 & \text{für } x \leqslant a \\ \dfrac{1}{b-a} & \text{für } a < x \leqslant b \qquad (a < b) \\ 0 & \text{für } x > b \end{cases}$$

gehörige Verteilung heißt *gleichförmige Verteilung* oder *Rechtecksverteilung*. Die Eigenschaft (7) ist für die Funktion (10) sofort klar.

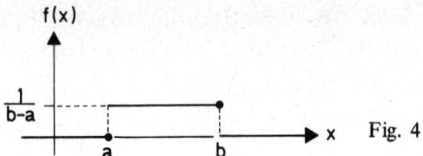

Fig. 4

Die zugehörige Verteilungsfunktion $F(x)$ lautet

$$F(x) = \begin{cases} 0 & \text{für } x \leqslant a \\ \dfrac{x-a}{b-a} & \text{für } a < x \leqslant b \\ 1 & \text{für } x > b \end{cases}$$

und ist in Fig. 5 dargestellt.

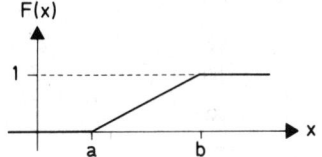

Fig. 5

2.) Die Funktion (Fig. 6)

$$(11) \quad f(x) = \begin{cases} 0 & \text{für } x \leqslant 0 \\ ae^{-ax} & \text{für } x > 0 \quad (a > 0) \end{cases}$$

ist $\geqslant 0$ und erfüllt die Eigenschaft (7) einer Dichtefunktion, denn

$$\int_{-\infty}^{+\infty} f(x)\,dx = \int_{0}^{\infty} ae^{-ax}\,dx = \left[-e^{-ax}\right]_{0}^{\infty} = 1.$$

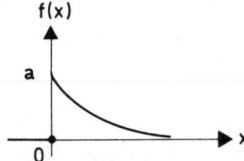

Fig. 6

Die zugehörige Verteilung heißt *Exponentialverteilung;* ihre Verteilungsfunktion (Fig. 7) lautet

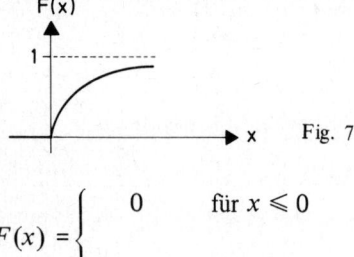

Fig. 7

$$F(x) = \begin{cases} 0 & \text{für } x \leq 0 \\ 1 - e^{-ax} & \text{für } x > 0, \end{cases}$$

denn

$$\int_{-\infty}^{x} f(t)\,dt = \int_{0}^{x} a\,e^{-at}\,dt = \left[-e^{-at}\right]_{0}^{x} = 1 - e^{-ax}.$$

3.) Die Funktion

$$f(x) = \frac{1}{\sigma\sqrt{2\pi}}\,\exp -\frac{(x-\mu)^2}{2\sigma^2}$$

($\mu \in \mathbb{R}$ beliebig; $0 < \sigma \in \mathbb{R}$ beliebig) ist positiv und erfüllt ebenfalls die Eigenschaft (7)

$$\int_{-\infty}^{+\infty} f(x)\,dx = 1.$$

Der Beweis für die Gültigkeit von (7) ist etwas länger und findet sich in § II.1. Die zugehörige Verteilung heißt *Normalverteilung;* sie wird in § 3.5. behandelt.

Wir treffen noch folgende

Definition: *Ist die Dichtefunktion $f(x)$ eine zu $x_0 \in \mathbb{R}$ symmetrische Funktion, d. h. gilt*

$$f(x_0 + a) = f(x_0 - a),$$

so heißt die zugehörige Verteilung symmetrisch zu x_0. Beispiele sind in Fig. 8a und b dargestellt. x_0 heißt Symmetriezentrum.

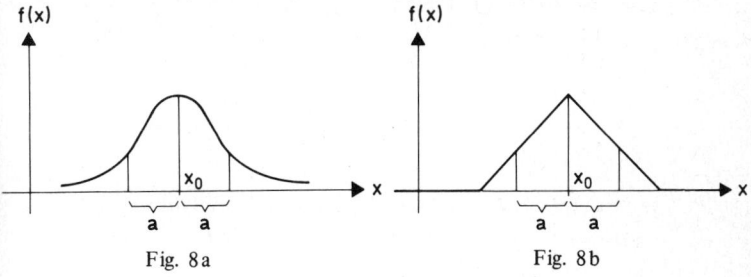

Fig. 8a   Fig. 8b

§ 2.4. Mittelwert, Erwartungswert, Varianz, Momente

2.4.1. Ebenso wie man empirische Häufigkeitsverteilungen durch geeignete Konstanten wie z.B. Mittelwert und Varianz charakterisiert, definiert man zur mehr summarischen Beschreibung der Verteilung einer Zufallsvariablen ähnliche Funktionalparameter.

Sei $[\Omega, \mathfrak{A}, P]$ ein Wahrscheinlichkeitsraum. Wir unterscheiden nun diskrete und stetige Verteilungen und beginnen mit der Definition des *Mittelwerts (Erwartungswerts)* $\mu = E[X]$ *der Verteilung einer diskreten Zufallsvariablen X*.

A. Für die diskrete Zufallsvariable X seien $x_1, x_2, \ldots, x_j, \ldots$ ihre möglichen Werte (dabei kann die Folge $x_1, x_2, \ldots, x_j, \ldots$ endlich oder abzählbar unendlich sein); die Wahrscheinlichkeit, daß X den Wert x_j annimmt, sei p_j, also $P(X = x_j) = p_j$ ($j = 1, 2, \ldots$). Dann **definieren** wir: *Mittelwert oder Erwartungswert der Zufallsvariablen X ist die Größe*

(1) $\quad \mu = E[X] = x_1 p_1 + x_2 p_2 + \ldots + x_j p_j + \ldots = \sum_{j = 1, 2, \ldots} x_j p_j .$

Bemerkung: Wenn X nur endlich viele Werte x_j annimmt, ist (1) eine endliche Summe, sonst hat man eine unendliche Reihe. Im letzteren Fall ist für die Existenz von μ notwendig, daß die betreffende unendliche Reihe konvergiert. Man fordert sogar die *absolute Konvergenz* der Reihe (1), d.h. es muß auch die Reihe $\sum\limits_{j=1,\ldots} |x_j p_j| =$

$\sum\limits_{j=1,\ldots} |x_j| p_j$ konvergieren [13]); dadurch ist gewährleistet, daß man

die Glieder der Reihe (1) beliebig umordnen darf, ohne daß sich dabei der Wert der Reihe ändert.

B. Für eine stetige Zufallsvariable X mit der Verteilungsfunktion $F(x)$ setzen wir voraus, daß dazu eine Dichtefunktion $f(x)$ existiert. Dann

definieren wir: *Der Mittelwert oder Erwartungswert von X ist*

$$\mu = E[X] \doteq \int\limits_{-\infty}^{+\infty} xf(x)\,dx.$$

Bemerkung: Zur Existenz von $\mu = E[X]$ ist nötig, daß das uneigentliche Integral existiert; man fordert sogar, daß $\int\limits_{-\infty}^{+\infty} |xf(x)|\,dx =$

$\int\limits_{-\infty}^{+\infty} |x|f(x)\,dx$ konvergiert [13]).

2.4.2. Nehmen wir nun allgemein an, daß $Y = \varphi(X)$ eine Funktion der Zufallsvariablen X ist, die ihrerseits als Zufallsvariable aufgefaßt werden kann [14]). Wir erklären dann:

A. Sei X diskrete Zufallsvariable und $x_1, x_2, \ldots, x_j, \ldots$ ihre möglichen Werte (endlich viele oder abzählbar unendlich viele); sei p_j

---

[13]) Andernfalls ist der Erwartungswert nicht definiert.
[14]) Sei $[\Omega, \mathfrak{A}, P]$ ein Wahrscheinlichkeitsraum. $Y = \varphi(X)$ ist wieder Zufallsvariable, wenn $\{\omega \mid \varphi(X(\omega)) \leqslant x\} \in \mathfrak{A}$ ist für alle $x \in \mathbb{R}$. Wenn die Funktion φ stetig ist, ist $Y = \varphi(X)$ sicher wieder eine Zufallsvariable.

die Wahrscheinlichkeit, daß X den Wert x_j annimmt, d.h.
$p_j = P(X = x_j)$ $(j = 1, 2, \ldots)$. Dann ist der Erwartungswert von
$Y = \varphi(X)$ **definiert** als

(2) $E[Y] = E[\varphi(X)] = \varphi(x_1)p_1 + \varphi(x_2)p_2 + \ldots + \varphi(x_j)p_j + \ldots =$

$$= \sum_{j = 1, 2, \ldots} \varphi(x_j)p_j .$$

Bemerkung: Wenn X nur endlich viele Werte x_j annimmt, steht in
(2) eine endliche Summe, sonst ist (2) eine unendliche Reihe. Im
letzteren Fall ist für die Existenz des Erwartungswerts notwendig,
daß die unendliche Reihe konvergiert. Man fordert sogar die *absolute Konvergenz* der Reihe (2), d.h. es muß auch die Reihe
$$\sum_{j = 1, \ldots} |\varphi(x_j)p_j| = \sum_{j = 1, \ldots} |\varphi(x_j)| \, p_j \text{ konvergieren}[15]).$$

B. Für eine stetige Zufallsvariable X mit der Verteilungsfunktion
$F(x)$ und der Dichtefunktion $f(x)$ wird der Erwartungswert von
$Y = \varphi(X)$ **definiert** als

$$E[Y] = E[\varphi(X)] = \int\limits_{-\infty}^{+\infty} \varphi(x) \cdot f(x) \, dx,$$

falls das uneigentliche Integral konvergiert. Es muß sogar

$$\int\limits_{-\infty}^{+\infty} |\varphi(x)| f(x) \, dx \text{ konvergieren}[16]).$$

Wählt man speziell $\varphi(X) = X$, so erhält man wieder die Definitionen
aus 2.4.1.

Es sei noch darauf hingewiesen, daß man statt $\displaystyle\int\limits_{-\infty}^{+\infty} x f(x) \, dx = \int\limits_{-\infty}^{+\infty} x \frac{dF(x)}{dx} \, dx$

---

[15]) Andernfalls ist der Erwartungswert nicht definiert.

[16]) Andernfalls ist der Erwartungswert nicht definiert.

auch schreibt[17]) $\int\limits_{-\infty}^{+\infty} x\, dF(x)$ und statt $\int\limits_{-\infty}^{+\infty} \varphi(x) f(x)\, dx = \int\limits_{-\infty}^{+\infty} \varphi(x)\, \dfrac{dF(x)}{dx}\, dx$

auch $\int\limits_{-\infty}^{+\infty} \varphi(x)\, dF(x)$.

2.4.3. Einige Spezialfälle der Funktion $\varphi(X)$ wollen wir hervorheben:

I.) Die Zufallsvariable X soll den Mittelwert $\mu = E[X]$ besitzen. Dann betrachten wir $\varphi(X) = (X-\mu)^2$.

Der Erwartungswert $E[\varphi(X)]$ wird dann im diskreten Fall

$$E[(X-\mu)^2] = \sum_{j\,=\,1,\,2,\,\ldots} (x_j - \mu)^2\, p_j$$

und im stetigen Fall

$$E[(X-\mu)^2] = \int\limits_{-\infty}^{+\infty} (x-\mu)^2\, f(x)\, dx.$$

Wir nennen, falls dieser Erwartungswert existiert, $E[(X-\mu)^2]$ die *Varianz* oder *Dispersion* der Zufallsvariablen X und benutzen die Bezeichnung $E[(X-\mu)^2] = \sigma^2$ oder $E[(X-\mu)^2] = \operatorname{var}(X)$.

Jedenfalls ist $\sigma^2 \geqslant 0$. Weiter heißt $\sqrt{\sigma^2} = \sigma$ die *Standardabweichung* von X. Auch ist $\sigma \geqslant 0$.

Beispiele: 1.) Wir betrachten die Zufallserscheinung „Münzewerfen". Dem Ereignis „Zahl werfen" ordnen wir die Zufallsvariable $X = x_1 = 0$ zu und dem Ereignis „Wappen werfen" die Zufallsvariable $X = x_2 = 1$. Die zugehörigen Wahrscheinlichkeiten sind

$$P(X=0) = p_1 = P(X=1) = p_2 = \frac{1}{2};$$

$$\Rightarrow \mu = 0 \cdot \frac{1}{2} + 1 \cdot \frac{1}{2} = \frac{1}{2};$$

---

[17]) Stieltjes-Integral; siehe § II. 4.

$$\sigma^2 = (0-0,5)^2 \cdot \frac{1}{2} + (1-0,5)^2 \cdot \frac{1}{2} = 0,25.$$

Bemerkung: Die Werte von μ und σ^2 hängen davon ab, wie die Werte der Zufallsvariablen X definiert wurden. Wenn man zuordnet

dem Ereignis „Zahl werfen" $\Leftrightarrow X = x_1 = 3$,

dem Ereignis „Wappen werfen" $\Leftrightarrow X = x_2 = -1$,

$$\Rightarrow \mu = 3 \cdot \frac{1}{2} + (-1) \cdot \frac{1}{2} = 1;$$

$$\sigma^2 = (3-1)^2 \frac{1}{2} + (-1-1)^2 \frac{1}{2} = 4.$$

2.) Bei der Zufallserscheinung „Würfelwerfen" ordnen wir wie üblich dem Ereignis „die Zahl j zu werfen" ($j = 1, \ldots, 6$) die Zufallsvariable $X = x_j = j$ zu; die Wahrscheinlichkeit $P(X=j) = p_j = \frac{1}{6}$.

$$\Rightarrow \mu = 1 \cdot \frac{1}{6} + 2 \cdot \frac{1}{6} + 3 \cdot \frac{1}{6} + 4 \cdot \frac{1}{6} + 5 \cdot \frac{1}{6} + 6 \cdot \frac{1}{6} = \frac{7}{2} = 3,5;$$

$$\sigma^2 = (1-3,5)^2 \cdot \frac{1}{6} + (2-3,5)^2 \cdot \frac{1}{6} + (3-3,5)^2 \cdot \frac{1}{6} +$$

$$(4-3,5)^2 \cdot \frac{1}{6} + (5-3,5)^2 \cdot \frac{1}{6} + (6-3,5)^2 \cdot \frac{1}{6} = \frac{35}{12} = 2,92.$$

II.) *Momente einer Verteilung*

In der Definition des Erwartungswertes $E[\varphi(X)]$ nehmen wir speziell $\varphi(X) = X^r$ ($r \in \mathbb{N}$).

Dann ergibt sich

für eine diskrete Zufallsvariable X

$$E[X^r] = \sum_{j=1,2,\ldots} x_j^r p_j$$

und für eine stetige Zufallsvariable X mit der Dichtefunktion $f(x)$

$$E[X^r] = \int_{-\infty}^{+\infty} x^r f(x)\, dx.$$

$E[X^r]$ heißt das *r-te Moment* der Verteilung von X. Speziell für
$r = 1$ erhält man $E[X] = \mu$.

Wird in der Definition des Erwartungswertes $\varphi(X) = (X - \mu)^r$ genommen, so folgt

für eine diskrete Zufallsvariable X

$$E[(X - \mu)^r] = \sum_{j = 1, 2, \ldots} (x_j - \mu)^r p_j$$

und für eine stetige Zufallsvariable X mit der Dichtefunktion $f(x)$

$$E[(X - \mu)^r] = \int_{-\infty}^{+\infty} (x - \mu)^r f(x)\,dx.$$

Diese Größe $E[(X - \mu)^r]$ heißt *r-tes zentrales Moment* der Verteilung von X.

Spezialfall der zentralen Momente:

Für $r = 2$ wird

$$E[(X - \mu)^2] = \sum_{j = 1, 2, \ldots} (x_j - \mu)^2 p_j = \sigma^2$$

bzw.

$$E[(X - \mu)^2] = \int_{-\infty}^{+\infty} (x - \mu)^2 f(x)\,dx = \sigma^2.$$

Es gilt der

Satz 1: *Existiert das 1. zentrale Moment $E[X - \mu]$ einer Zufallsvariablen X, so ist $E[X - \mu] = 0$.*

Direkter Beweis (ein weiterer Beweis wird in § 2.5. gegeben):

A. Sei X diskrete Zufallsvariable; dann wird (die Summationsbedingung ist jeweils $j = 1, 2, \ldots$)

$$E[X - \mu] = \Sigma (x_j - \mu) p_j = \Sigma p_j x_j - \mu \Sigma p_j = \mu - \mu \cdot 1 = 0;$$

B. Sei X stetige Zufallsvariable; dann

$$E[X - \mu] = \int\limits_{-\infty}^{+\infty} (x - \mu) f(x)\, dx = \int\limits_{-\infty}^{+\infty} x f(x)\, dx - \mu \int\limits_{-\infty}^{+\infty} f(x)\, dx =$$

$$= \mu - \mu \cdot 1 = 0.$$

Zentrale Momente lassen sich auch mit Hilfe gewöhnlicher Momente ausdrücken. Es gilt z. B. folgender

Satz 2: $\sigma^2 = E[X^2] - (E[X])^2 = E[X^2] - \mu^2.$[18])

Direkter Beweis (ein weiterer Beweis wird in § 2.5. gegeben):

A. Im diskreten Fall haben wir (die Summationsbedingung ist jeweils $j = 1, 2, \ldots$)

$$\sigma^2 = \Sigma\, (x_j - \mu)^2 p_j = \Sigma\, (x_j^2 - 2 x_j \mu + \mu^2) p_j =$$

$$= \Sigma\, x_j^2 p_j - 2\mu\, \Sigma\, x_j p_j + \mu^2\, \Sigma p_j =$$

$$= E[X^2] - 2\mu \cdot \mu + \mu^2 \cdot 1 = E[X^2] - \mu^2.$$

B. Sei X stetige Zufallsvariable mit der Dichtefunktion $f(x)$; dann wird

$$\sigma^2 = \int\limits_{-\infty}^{+\infty} (x - \mu)^2 f(x)\, dx = \int\limits_{-\infty}^{+\infty} (x^2 - 2x\mu + \mu^2)\, f(x)\, dx =$$

$$= \int\limits_{-\infty}^{+\infty} x^2 f(x)\, dx - 2\mu \int\limits_{-\infty}^{+\infty} x f(x)\, dx + \mu^2 \int\limits_{-\infty}^{+\infty} f(x)\, dx =$$

$$= E[X^2] - 2\mu \cdot \mu + \mu^2 \cdot 1 - E[X^2] - \mu^2.$$

Anwendung: Wir nehmen als Beispiel wieder die Zufallserscheinung „Würfelwerfen".

Zufallsvariable X ist die erzielte Augenzahl;

$$\Rightarrow \mu = E[X] = \sum_{j=1}^{6} j \cdot \frac{1}{6} = \frac{1}{6}\,(1 + 2 + \ldots + 6) = \frac{7}{2};$$

---

[18]) Unter der Voraussetzung, daß die betreffenden Erwartungswerte existieren.

$$E[X^2] = \sum_{j=1}^{6} j^2 \cdot \frac{1}{6} = \frac{1}{6}(1^2 + 2^2 + \ldots + 6^2) = \frac{91}{6};$$

$$\Rightarrow \sigma^2 = E[(X - \mu)^2] = \frac{91}{6} - \left(\frac{7}{2}\right)^2 = \frac{35}{12} \approx 2,92.$$

Als Verallgemeinerung der zentralen Momente definiert man

$$E[(X - x_0)^r] \quad (x_0 \in \mathbb{R} \text{ beliebig})$$

als *r-tes Moment bezüglich* x_0, falls dieser Erwartungswert existiert. Hierbei ist also $\varphi(X) = (X - x_0)^r$.

§ 2.5. Einige Sätze über Erwartungswerte

2.5.1. Wir wollen hier einige Aussagen über Erwartungswerte zusammenstellen, die öfters gebraucht werden.

Satz 1: *Ist die Funktion* $\varphi(X) = 1$ *für alle Werte der Zufallsvariablen* X, *so ist* $E[\varphi(X)] = E[1] = 1$.

Beweis:

A. Diskreter Fall (die Summationsbedingung ist $j = 1, 2, \ldots$):

$$E[1] = \Sigma \ 1 \cdot p_j = 1;$$

B. Stetiger Fall:

$$E[1] = \int_{-\infty}^{+\infty} 1 \cdot f(x)dx = 1.$$

Satz 2: *Ein konstanter Faktor kann vor den Erwartungswert gezogen werden* [19]); *also* $E[a\varphi(X)] = aE[\varphi(X)]$ (a = Konstante).

Beweis:

A: Diskreter Fall (die Summationsbedingung ist $j = 1, 2, \ldots$):

$$E[a\varphi(X)] = \Sigma \ a\varphi(x_j)p_j = a \ \Sigma \ \varphi(x_j)p_j = aE[\varphi(X)].$$

---

[19]) $E[\varphi(X)]$ soll existieren.

B. Stetiger Fall:

$$E\left[a\,\varphi(X)\right] = \int\limits_{-\infty}^{+\infty} a\,\varphi(x)\,f(x)\,dx = a\int\limits_{-\infty}^{+\infty} \varphi(x)\,f(x)\,dx = a\,E\left[\varphi(X)\right].$$

Satz 3: *Der Erwartungswert einer Summe ist gleich der Summe der einzelnen Erwartungswerte* [20]); *also*

$$E\left[\varphi(X) + \psi(X)\right] = E\left[\varphi(X)\right] + E\left[\psi(X)\right].$$

Beweis:

A. Diskreter Fall (die Summationsbedingung ist $j = 1, 2, \ldots$);

$$E\left[\varphi(X)\right] + E\left[\psi(X)\right] = \Sigma\,\varphi(x_j)\,p_j + \Sigma\,\psi(x_j)\,p_j = \Sigma\,(\varphi(x_j) + \psi(x_j))\,p_j =$$
$$= E\left[\varphi(X) + \psi(X)\right].$$

Damit der Erwartungswert $E\left[\varphi(X) + \psi(X)\right]$ existiert, ist noch zu zeigen, daß $\Sigma\,|\,\varphi(x_j) + \psi(x_j)\,|\,p_j$ konvergiert; wir haben wegen der Dreiecksungleichung

$$\Sigma\,|\,\varphi(x_j) + \psi(x_j)\,|\,p_j \leqslant \Sigma\,(|\,\varphi(x_j)| + |\,\psi(x_j)|)\,p_j =$$

$$= \Sigma\,|\,\varphi(x_j)|\,p_j + \Sigma\,|\,\psi(x_j)|\,p_j,$$

und hierin konvergieren beide Summen.

B. Stetiger Fall:

$$E\left[\varphi(X)\right] + E\left[\psi(X)\right] = \int\limits_{-\infty}^{+\infty} \varphi(x)\,f(x)\,dx + \int\limits_{-\infty}^{+\infty} \psi(x)\,f(x)\,dx =$$

$$= \int\limits_{-\infty}^{+\infty} \left[\varphi(x) + \psi(x)\right] f(x)\,dx = E\left[\varphi(X) + \psi(X)\right].$$

Ebenso wie oben wäre noch zu zeigen, daß das Integral $\int\limits_{-\infty}^{+\infty} |\,\varphi(x) + \psi(x)\,|f(x)dx$

konvergiert.

---

[20]) Die einzelnen Erwartungswerte $E\left[\varphi(X)\right]$ und $E\left[\psi(X)\right]$ sollen existieren.

Bemerkungen: 1.) Die Sätze 2 und 3 werden oft zusammengefaßt in der Aussage

(1) $E[a\,\varphi(X) + b\,\psi(X)] = a\,E[\varphi(X)] + b\,E[\psi(X)]$.

Die Bildung des Erwartungswerts ist also eine lineare Operation.

2.) Formel (1) läßt sich auch auf endlich viele Summanden verallgemeinern.

Die obigen Sätze wollen wir nun benutzen, um einige neue Resultate herzuleiten und um einige Aussagen aus § 2.4. noch einmal kürzer zu beweisen.

Nochmals *Beweis* für Satz 1 aus § 2.4.:

$$E[X - \mu] = E[X] - \mu E[1] = \mu - \mu \cdot 1 = 0.$$

Nochmals *Beweis* für Satz 2 aus § 2.4.:

$$\sigma^2 = E[(X - \mu)^2] = E[X^2 - 2\mu X + \mu^2] = E[X^2] - 2\mu E[X] +$$
$$+ \mu^2 E[1] = E[X^2] - 2\mu^2 + \mu^2 = E[X^2] - \mu^2.$$

Es gilt weiter der

Satz 4: $E[(X - x_0)^2]$ *nimmt sein Minimum an für* $x_0 = \mu$.

Beweis:

$$E[(X - x_0)^2] = E[\{(X - \mu) - (x_0 - \mu)\}^2] =$$
$$= E[(X-\mu)^2 - 2(x_0 - \mu)(X - \mu) + (x_0 - \mu)^2] =$$
$$= E[(X-\mu)^2] - 2(x_0 - \mu) E[X - \mu] + (x_0 - \mu)^2 E[1] =$$
$$= \sigma^2 - 2(x_0 - \mu) \cdot 0 + (x_0 - \mu)^2 \cdot 1.$$

Dieser Ausdruck nimmt seinen kleinsten Wert an für $x_0 = \mu$.

Für das 3. zentrale Moment gilt der

Satz 5: $E[(X - \mu)^3] = E[X^3] - 3\mu E[X^2] + 2\mu^3$.

Beweis:

$$E[(X - \mu)^3] = E[X^3 - 3\mu X^2 + 3\mu^2 X - \mu^3] =$$
$$= E[X^3] - 3\mu E[X^2] + 3\mu^2 E[X] - \mu^3 E[1] =$$
$$= E[X^3] - 3\mu E[X^2] + 3\mu^2 \cdot \mu - \mu^3 \cdot 1.$$

§ 2.6. Lineare Transformation einer Zufallsvariablen — Standardisierte Zufallsvariablen

2.6.1. Ist X eine Zufallsvariable, so betrachten wir nun speziell die neue Zufallsvariable

$$Y = \varphi(X) = a + b\,X \qquad (a, b \in \mathbb{R} \text{ konstante Zahlen});$$

wir wenden also auf die Zufallsvariable X eine lineare Transformation an[21]).

Dann wird aufgrund der Sätze aus § 2.5.

$$E[Y] = E[\varphi(X)] = E[a + b\,X] =$$
$$= E[a] + E[bX] = a\,E[1] + b\,E[X] =$$
$$= a + b\,E[X].^{[22]})$$

Indem wir noch $E[X] = \mu_X$ und $E[Y] = \mu_Y$ setzen, erhalten wir

(1) $\mu_Y = a + b\,\mu_X$.

Weiter erhalten wir für die Varianzen σ_Y^2 und σ_X^2 der Zufallsvariablen Y und X

(2) $\sigma_Y^2 = E[(Y - \mu_Y)^2] = E[(a + bX - (a + b\mu_X))^2] =$
$$= E[(bX - b\mu_X)^2] = b^2 E[(X - \mu_X)^2] = b^2 \sigma_X^2.^{[22]})$$

Die Varianz wird also von dem Wert a nicht beeinflußt; man sagt, die Varianz ist *translationsinvariant.*

Fassen wir die Ergebnisse zusammen in

Satz 1: *Stehen die Zufallsvariablen X und Y in der Beziehung $Y = a + bX$ ($a, b \in \mathbb{R}$), dann gilt für die zugehörigen Mittelwerte μ_X und μ_Y und für die zugehörigen Varianzen σ_X^2 und σ_Y^2*

$$\mu_Y = a + b\mu_X; \quad \sigma_Y^2 = b^2 \sigma_X^2.$$

---

[21]) Vgl. auch § 3.7.

[22]) Die betreffenden Erwartungswerte sollen existieren.

Hat die Zufallsvariable X den Mittelwert μ_X und die Varianz $\sigma_X^2 > 0$, so soll nun Y durch

$$Y = \frac{X - \mu_X}{\sigma_X}$$

definiert sein $\left(\text{in der obigen Bezeichnung ist also } a = -\dfrac{\mu_X}{\sigma_X} \text{ und} \right.$

$b = \dfrac{1}{\sigma_X}\Big)$. Dann wird aufgrund von Satz 1

$$\mu_Y = E[Y] = 0 \quad \text{und} \quad \sigma_Y^2 = 1.$$

Eine Zufallsvariable mit dem Mittelwert 0 und der Varianz 1 heißt *standardisierte* (oder *normierte*) Zufallsvariable.

§ 2.7. Momenterzeugende Funktionen

2.7.1. Zur Berechnung von Momenten benutzt man oft folgenden Gedankengang:

Sei X eine Zufallsvariable; wir bilden damit die Funktion $\varphi(X, t) = e^{tX}$ ($t \in \mathbb{R}$, beliebig). $\varphi(X, t)$ ist also eine Funktion von zwei Variablen.

Definition: *Der Erwartungswert $E[e^{tX}]$ heißt momenterzeugende Funktion von X.*

$E[e^{tX}]$ ist somit noch eine Funktion von t, und wir schreiben

$$E[e^{tX}] = G(t).$$

Aufgrund der Definition des Erwartungswerts wird [23])

A. wenn X diskrete Zufallsvariable ist, welche die Werte $x_1, x_2, \ldots, x_j, \ldots$ annimmt mit den zugehörigen Wahrscheinlichkeiten $P(X = x_j) = p_j$

$$G(t) = E[e^{tX}] = \Sigma\, p_j\, e^{tx_j};$$

(die Summationsbedingung ist $j = 1, 2, \ldots$)

---

[23]) Unter der Voraussetzung, daß die Reihen bzw. die Integrale (absolut) konvergieren (vgl. § 2.4.).

B. wenn X stetige Zufallsvariable ist mit der Dichtefunktion $f(x)$

$$G(t) = E[e^{tX}] = \int_{-\infty}^{+\infty} e^{tx} f(x)\,dx.$$

Unter der Voraussetzung, daß man unter der Summe bzw. unter dem Integral nach t differenzieren darf, erhalten wir

$$\frac{dG(t)}{dt} = G'(t) = \Sigma\, p_j x_j e^{tx_j} \quad \text{bzw.} \quad \frac{dG(t)}{dt} = G'(t) = \int_{-\infty}^{+\infty} x e^{tx} f(x)\,dx;$$

durch r-malige Differentiation nach t folgt

$$\frac{d^r G(t)}{dt^r} = G^{(r)}(t) = \Sigma\, p_j x_j^r e^{tx_j} \quad \text{bzw.}$$

$$\frac{d^r G(t)}{dt^r} = G^{(r)}(t) = \int_{-\infty}^{+\infty} x^r e^{tx} f(x)\,dx.$$

Für $t = 0$ folgt $e^{tx} = 1$ und damit

$$G^{(r)}(0) = \Sigma\, p_j x_j^r = E[X^r]$$

bzw.

$$G^{(r)}(0) = \int_{-\infty}^{+\infty} x^r f(x)\,dx = E[X^r],$$

also das r-te Moment. Demnach gilt der

Satz 1: $E[X^r] = G^{(r)}(0)$;

und speziell $\mu = E[X] = G'(0)$.

Sind weiter X und Y zwei Zufallsvariablen mit $Y = a + bX$ sowie $G_X(t)$ und $G_Y(t)$ die zugehörigen momenterzeugenden Funktionen, so fragen wir nach einem Zusammenhang zwischen $G_X(t)$ und $G_Y(t)$. Es gilt

Satz 2: $G_Y(t) = e^{ta} G_X(bt)$.

Beweis: $G_Y(t) = E[e^{tY}] = E[e^{t(a+bX)}] =$

$$= E[e^{ta} e^{tbX}] = e^{ta} E[e^{tbX}] = e^{ta} G_X(bt).$$

Ist insbesondere $a = -\dfrac{\mu_X}{\sigma_X}$ und $b = \dfrac{1}{\sigma_X}$, so ist $Y = a + bX = \dfrac{X - \mu_X}{\sigma_X}$ standardisierte Zufallsvariable.[24]) In diesem Fall erhalten wir

$$G_Y(t) = e^{-t\mu_X/\sigma_X} G_X\left(\frac{t}{\sigma_X}\right).$$

2.7.2. Als Anwendungsbeispiel für momenterzeugende Funktionen wollen wir Mittelwert und Varianz der *Zweipunktverteilung* bestimmen[25]). Diese Verteilung ist folgendermaßen definiert:

Eine Zufallsvariable X heißt zweipunktverteilt, wenn sie nur die zwei Werte x_1 und x_2 annehmen kann; es sei $P(X = x_1) = p_1$; $P(X = x_2) = p_2 = 1 - p_1$.

Beispiel für eine Zweipunktverteilung: Bei der Zufallserscheinung ,,Münzewerfen'' setzen wir für das Ereignis ,,Zahl'' die Zufallsvariable $X = 1$ und für das Ereignis ,,Wappen'' $X = 0$.

Zweipunktverteilungen treten immer dann auf, wenn bei der Beobachtung einer Zufallserscheinung nur zwei Möglichkeiten eintreten können, wie ,,weiß – schwarz'' oder ,,ja – nein'' oder ,,gut – schlecht'' oder ,,normgerechtes Stück – Ausschußstück'' usw.

Die momenterzeugende Funktion für eine Zweipunktverteilung lautet

$$G(t) = E[e^{tX}] = \sum_{j=1}^{2} p_j e^{tx_j} = p_1 e^{tx_1} + (1 - p_1) e^{tx_2};$$

$$\Rightarrow \mu = E[X] = G'(0) = [p_1 x_1 e^{tx_1} + (1 - p_1) x_2 e^{tx_2}]_{t=0} =$$

$$= p_1 x_1 + (1 - p_1) x_2.$$

Zur Berechnung von σ^2 benutzen wir den Satz $\sigma^2 = E[X^2] - \mu^2$; dabei bestimmen wir $E[X^2]$ mit Hilfe der momenterzeugenden Funktion $G(t)$:

$$E[X^2] = G''(0) = [p_1 x_1^2 e^{tx_1} + (1 - p_1) x_2^2 e^{tx_2}]_{t=0} =$$

$$= p_1 x_1^2 + (1 - p_1) x_2^2;$$

$$\Rightarrow \sigma^2 = p_1 x_1^2 + (1 - p_1) x_2^2 - (p_1 x_1 + (1 - p_1) x_2)^2.$$

---

[24]) μ_X und $\sigma_X > 0$ sollen existieren.

[25]) In diesem Fall lassen sich die genannten Parameter natürlich auch sofort aus ihrer Definition bestimmen.

Den Spezialfall $x_1 = 1$, $x_2 = 0$ der Zweipunktverteilung bezeichnet man als *Nulleinsverteilung*. In diesem Fall wird

$$\mu = p_1 \quad \text{und} \quad \sigma^2 = p_1 - p_1^2 = p_1(1 - p_1) = p_1 p_2.$$

2.7.3. *Einige weitere Anwendungen momenterzeugender Funktionen:*

Mittelwert und Varianz der Binomialverteilung mit Hilfe momenterzeugender Funktionen.

Die momenterzeugende Funktion einer diskreten Zufallsvariablen X war allgemein definiert als

$$G(t) = E[e^{tX}] = \Sigma\, p_j e^{tx_j};$$

dann wird $G'(0) = \mu$.

Speziell für die Binomialverteilung ist $x_j = j - 1 = k$ ($j = 1, 2, \ldots, n + 1$; also $k = 0, 1, 2, \ldots, n$) und $p_j = P_n(X = k) = \binom{n}{k} p^k q^{n-k}$; somit

$$G(t) = \sum_{k=0}^{n} \binom{n}{k} p^k q^{n-k} e^{tk} =$$

$$= \sum_{k=0}^{n} \binom{n}{k} (pe^t)^k q^{n-k}.$$

Aufgrund des binomischen Satzes wird

$$G(t) = (p\,e^t + q)^n;$$
$$\Rightarrow G'(t) = n\,(p\,e^t + q)^{n-1} p\,e^t;$$
$$G'(0) = n\,(p + q)^{n-1} p = n\,p,$$

denn $p + q = 1$.

Da $G'(0) = \mu \Rightarrow \mu = n\,p$.

Zur Bestimmung der Varianz benutzen wir die Beziehung $\sigma^2 = E[X^2] - \mu^2$; dabei bestimmen wir das 2. Moment $E[X^2]$ durch $E[X^2] = G''(0)$. Es wird

$$G''(t) = n\,(n-1)\,(p\,e^t + q)^{n-2} (p\,e^t)^2 + n\,(p\,e^t + q)^{n-1} p\,e^t;$$
$$\Rightarrow E[X^2] = G''(0) = n\,(n-1)\,(p + q)^{n-2} p^2 + n\,(p + q)^{n-1} p =$$
$$= n\,(n-1)\,p^2 + n\,p,$$

denn $p + q = 1$. Damit

$$\sigma^2 = E[X^2] - \mu^2 = n(n-1)p^2 + np - n^2p^2 = -np^2 + np$$

$$= np(-p+1) = npq.$$

Mittelwert und Varianz der Poissonverteilung mit Hilfe momenterzeugender Funktionen.

Die momenterzeugende Funktion lautet hier

$$G(t) = E[e^{tX}] = \sum_j p_j e^{tx_j};$$

und wegen $x_j = j - 1 = k$ $(j = 1, 2, \ldots;$ also $k = 0, 1, 2, \ldots)$ und

$$p_j = P(X = k) = \frac{\lambda^k}{k!} e^{-\lambda}$$

$$\Rightarrow G(t) = \sum_{k=0}^{\infty} \frac{\lambda^k}{k!} e^{-\lambda} e^{tk} = e^{-\lambda} \sum_{k=0}^{\infty} \frac{(\lambda e^t)^k}{k!} = e^{-\lambda} \exp(\lambda e^t);$$

$$\Rightarrow G'(t) = e^{-\lambda} \exp(\lambda e^t) \cdot \lambda e^t;$$

$$\mu = G'(0) = e^{-\lambda} \exp(\lambda) \cdot \lambda = \lambda.$$

Zur Bestimmung der Varianz benutzen wir wieder $\sigma^2 = E[X^2] - \mu^2$, wobei wir $E[X^2] = G''(0)$ haben. Es wird

$$G''(t) = \lambda e^{-\lambda} [\exp(\lambda e^t) \cdot \lambda e^t \cdot e^t + \exp(\lambda e^t) \cdot e^t];$$

$$G''(0) = \lambda e^{-\lambda} [e^\lambda \lambda + e^\lambda] = \lambda^2 + \lambda;$$

$$\Rightarrow \sigma^2 = E[X^2] - \mu^2 = \lambda^2 + \lambda - \lambda^2 = \lambda.$$

§ 2.8. Charakteristische Funktionen

2.8.1. Um Konvergenzschwierigkeiten zu vermeiden, betrachtet man statt der momenterzeugenden Funktion $G(t)$ häufig die *charakteristische Funktion* $H(t)$, die folgendermaßen erklärt ist:

Sei X eine Zufallsvariable; damit bildet man $\psi(X, t) = e^{itX}$ $(t \in \mathbb{R},$ beliebig). $\psi(X, t)$ ist also eine (komplexe) Funktion von zwei Variablen.

Definition: *Der Erwartungswert $E\,[e^{itX}]$ heißt charakteristische Funktion von X.*

$E\,[e^{itX}]$ ist also jetzt eine komplexwertige Funktion von t; wir schreiben $E\,[e^{itX}] = H\,(t)$.

Also: **A.** wenn X diskrete Zufallsvariable ist, welche die Werte $x_1, x_2, \ldots,$ $x_j, \ldots$ annimmt mit den zugehörigen Wahrscheinlichkeiten $P\,(X = x_j) = p_j$, dann ist

(1) $\quad H\,(t) = E\,[e^{itX}] = \Sigma\, p_j e^{itx_j}.$

(Die Summationsbedingung ist $j = 1, 2, \ldots$).

B. wenn X stetige Zufallsvariable ist mit der Dichtefunktion $f\,(x)$, dann wird

(2) $\quad H\,(t) = E\,[e^{itX}] = \int\limits_{-\infty}^{+\infty} e^{itx} f\,(x)\,dx.$

Wir bemerken, daß die Reihe (1) und das Integral (2) (absolut) konvergieren für jedes $t \in \mathbb{R}$.

Beweis:

A. $\quad \Sigma\, |\, p_j e^{itx_j}| = \Sigma p_j\,|\,e^{itx_j}| = \Sigma\, p_j = 1,$

da $p_j \geqslant 0$ und $|\,e^{iy}| = |\cos y + i \sin y| = \sqrt{\cos^2 y + \sin^2 y} = 1$. Mit der absoluten Konvergenz der Reihe ist auch $H\,(t) = \Sigma p_j e^{itx_j}$ konvergent.

B. $\quad \int\limits_{-\infty}^{+\infty} |\,e^{itx} f\,(x)\,|\,dx = \int\limits_{-\infty}^{+\infty} |\,e^{itx}|\,f\,(x)\,dx = \int\limits_{-\infty}^{+\infty} 1 \cdot f\,(x)\,dx = 1;$

$\Rightarrow$ auch $H\,(t) = \int\limits_{-\infty}^{+\infty} e^{itx} f\,(x)\,dx$ ist konvergent.

Durch Differentiation nach t folgt aus (1) und (2)

$$\frac{dH\,(t)}{dt} = H'(t) = \Sigma\, p_j ix_j e^{itx_j} \quad \text{bzw.} \quad \frac{dH\,(t)}{dt} = H'(t) =$$

$$= \int\limits_{-\infty}^{+\infty} ix\, e^{itx} f\,(x)\,dx;$$

durch r-maliges Differenzieren nach t folgt

$$\frac{d^r H(t)}{dt^r} = H^{(r)}(t) = \Sigma p_j i^r x_j^r e^{itx_j} \quad \text{bzw.}$$

$$\frac{d^r H(t)}{dt^r} = H^{(r)}(t) = \int\limits_{-\infty}^{+\infty} i^r x^r e^{itx} f(x)\,dx.$$

Indem man i^r vor die Summe bzw. vor das Integral zieht und $e^0 = 1$ beachtet, erhält man

$$H^{(r)}(0) = i^r \cdot E\,[X^r],$$

also

$$E\,[X^r] = \frac{H^{(r)}(0)}{i^r}.$$

Die zu Satz 2 in § 2.7. entsprechende Aussage lautet für charakteristische Funktionen

$$H_Y(t) = e^{iat} H_X(bt).$$

Abschnitt 3:

Einige spezielle Verteilungen

Wir wollen in diesem Abschnitt einige Modelle von Wahrscheinlichkeitsverteilungen besprechen. Viele Vorgänge lassen sich durch solche Modellvorstellungen beschreiben.

§ 3.1. Die Binomialverteilung

3.1.1. Wir gehen zur Einführung von folgendem Beispiel aus: In einer Urne befinden sich 100 weiße und 200 schwarze Kugeln, die gut vermischt sind. Man zieht aus der Urne zufällig eine Kugel.

Sei A = Ereignis, eine weiße Kugel zu ziehen und
$\bar{A}$ = Ereignis, eine schwarze Kugel zu ziehen;

$$\rightarrow P(A) = \frac{100}{300} = \frac{1}{3}; \quad P(\bar{A}) = \frac{200}{300} = \frac{2}{3}.$$

Wir stellen nun folgende *Frage:*

$n = 6$ mal wird aus der Urne zufällig eine Kugel gezogen, wobei jeweils die gezogene Kugel wieder in die Urne zurückgelegt und gut gemischt wird, bevor man den nächsten Zug ausführt. Wie groß ist dann die Wahrscheinlichkeit P, bei diesen $n = 6$ Zügen genau $k = 2$ weiße und $n - k = 4$ schwarze Kugeln zu ziehen?

Mit anderen Worten fragen wir also nach der Wahrscheinlichkeit, daß bei den $n = 6$ Beobachtungen der Zufallserscheinung in genau

$k = 2$ Fällen das Ereignis A und somit in $n - k = 4$ Fällen das Ereignis $\bar{A}$ eintritt. Da nach jedem Zug die gezogene Kugel wieder in die Urne zurückgelegt wird, bleibt die Anzahl der weißen und schwarzen Kugeln unverändert. Damit ist bei jedem Zug $P(A) = \frac{1}{3}$ und

$P(\bar{A}) = \frac{2}{3}$, die Wahrscheinlichkeiten, eine weiße oder eine schwarze Kugel zu erhalten, ändern sich also nicht.[1])

Eine Kombination von gezogenen weißen und schwarzen Kugeln, welche für unsere Fragestellung hier in Betracht kommt, wäre durch folgende Tabelle gegeben:

	1.	2.	3.	4.	5.	6.	Zug
Ereignis	$\bar{A}$	A	$\bar{A}$	A	$\bar{A}$	$\bar{A}$	

Für die Wahrscheinlichkeit bei *dieser* Kombination von weißen und schwarzen Kugeln erhält man

$$P = \frac{2}{3} \cdot \frac{1}{3} \cdot \frac{2}{3} \cdot \frac{1}{3} \cdot \frac{2}{3} \cdot \frac{2}{3} = \left(\frac{1}{3}\right)^2 \cdot \left(\frac{2}{3}\right)^4 ;$$

hierbei ist das Produkt der einzelnen Wahrscheinlichkeiten zu bilden, da die Ereignisse, jeweils eine Kugel zu ziehen, wegen des Zurücklegens unabhängig (vgl. § 1.17.) sind.

Ebenso möglich ist auch die Kombination

	1.	2.	3.	4.	5.	6.	Zug
Ereignis	$\bar{A}$	A	A	$\bar{A}$	$\bar{A}$	$\bar{A}$	

Die Gesamtanzahl der Kombinationen „2 weiß − 4 schwarz" ist

$$C_6^2 = \binom{6}{2}.$$

Da die Ereignisse der verschiedenen Kugelkombinationen paarweise unvereinbar sind, addieren sich nach Axiom (III) in § 1.14.

---

[1]) Wenn die jeweils gezogene Kugel *nicht* zurückgelegt wird, ändern sich die Wahrscheinlichkeiten bei jedem Zug.

die einzelnen Wahrscheinlichkeiten der verschiedenen Kugelkombinationen;

$$\Rightarrow P = \binom{6}{2} \cdot \left(\frac{1}{3}\right)^2 \cdot \left(\frac{2}{3}\right)^4 = 0{,}33.$$

3.1.2. Nun wollen wir diese Frage allgemein betrachten:

Sei A ein Ereignis einer Zufallserscheinung[2]) und

$\bar{A}$ das Gegenereignis zu A; also $A \cup \bar{A} = E$.

Wir machen die Voraussetzung, daß die Ereignisse bei der wiederholten Beobachtung dieser Zufallserscheinung voneinander unabhängig sind, wir haben also eine *Folge von unabhängigen Ereignissen.* Zum Beispiel bildet die Folge der Augenzahlen, die man beim Werfen eines Würfels erhält, eine Folge von unabhängigen Ereignissen. Ebenso ist in einer Familie die Geburt von Jungen oder Mädchen eine Folge von unabhängigen Ereignissen.

Wir setzen $P(A) = p$ und $P(\bar{A}) = q$. Wegen Satz 1 aus § 1.15. ist dann $p + q = 1$, also $q = 1 - p$.

Wir betrachten nun die

Frage: Wie groß ist die Wahrscheinlichkeit $P_n(k)$, daß bei n Beobachtungen der Zufallserscheinung das Ereignis A genau k-mal eintritt? ($0 \leqslant k \leqslant n$).

Wenn also k-mal das Ereignis A eintritt, muß $\bar{A}$ dann $(n - k)$-mal cintreten.[3])

Es trete das Ereignis A etwa bei den Beobachtungen Nr. $i_1, i_2, \ldots, i_k$ ein, in den übrigen Fällen $\bar{A}$.

Da das Eintreten der Ereignisse nach Voraussetzung unabhängig ist, ist die Wahrscheinlichkeit, daß A bei den Beobachtungen

---

[2]) Ausgangspunkt ist ein Wahrscheinlichkeitsraum $[\Omega, \mathfrak{A}, P]$. Das Ereignis A soll Element der σ-Algebra $\mathfrak{A}$ sein; damit ist auch $\bar{A} \in \mathfrak{A}$ und $P(A)$ und $P(\bar{A})$ sind definiert.

[3]) Man sagt auch, daß man bei den n Beobachtungen k-mal „Erfolg" und $(n - k)$-mal „Mißerfolg" hat.

Nr. i_1, i_2, ..., i_k eintritt und $\bar{A}$ in den übrigen Fällen, gleich

$$P(A)^k P(\bar{A})^{n-k} = p^k q^{n-k}.$$

Weil es weiter für die gestellte Frage gleichgültig ist, ob Ereignis A bei den Beobachtungen Nr. i_1 und Nr. i_2 und ... und Nr. i_k oder bei k anderen Beobachtungen eintritt, haben wir die Gesamtzahl der Kombinationen der Ereignisse

(1)   „{A bei k von den n Beobachtungen und
            $\bar{A}$ bei den übrigen $n-k$ von den n Beobachtungen}"

zu bilden; diese Anzahl ist gleich der Anzahl der Kombinationen von n Elementen zur k-ten Klasse (ohne Wiederholung), also gleich

$$C_n^k = \binom{n}{k}.$$

Da die Ereignisse (1) paarweise unvereinbar sind, addieren sich nach Axiom (III) in § 1.14. deren Einzelwahrscheinlichkeiten; somit

$$P_n(k) = \binom{n}{k} p^k q^{n-k}.$$

Wir wollen das Ergebnis zusammenfassen in

Satz 1. *Tritt in einer Folge von n Beobachtungen einer Zufallserscheinung jeweils entweder das Ereignis A oder das Ereignis $\dot{A}$ ein, wobei die Ereignisse bei den einzelnen Beobachtungen unabhängig sein sollen, und ist $P(A) = p$ und $P(\bar{A}) = q = 1 - p$, so ist die Wahrscheinlichkeit dafür, daß genau k-mal das Ereignis A eintritt,*

(2) $P_n(k) = \binom{n}{k} p^k q^{n-k}$ $(k \in \{0, 1, ..., n\}).$

Dies ist natürlich auch die Wahrscheinlichkeit dafür, daß genau $(n-k)$-mal das Ereignis $\bar{A}$ eintritt.

Weil in (2) die Binomialkoeffizienten $\binom{n}{k}$ auftreten, heißt diese

§ 3.1. Die Binomialverteilung   121

Verteilung *Binomialverteilung*. Sie wurde zuerst von Jakob Bernoulli[4]) eingehender untersucht; daher findet man in der Literatur auch die Bezeichnung *Bernoullische Verteilung*.

Durch die Parameter n und p wird eine Binomialverteilung eindeutig charakterisiert.

3.1.3. Definieren wir nun die Zufallsvariable X als Anzahl der Fälle, in denen bei einer Folge von n Beobachtungen einer Zufallserscheinung das Ereignis A eintritt (Unabhängigkeit der Ereignisse bei den einzelnen Beobachtungen vorausgesetzt), so ist X eine diskrete Zufallsvariable, welche nur die Werte $k = 0, 1, 2, \ldots, n$ annehmen kann. Dann läßt sich (2) schreiben als

$$(3) \quad P_n(X = k) = \binom{n}{k} p^k q^{n-k} \qquad (k = 0, 1, \ldots, n).$$

(3) ist die Wahrscheinlichkeitsfunktion von X.

Man kann hiernach die Binomialverteilung auch so

erklären: *Eine Zufallsvariable X, welche die Werte $x_j = 0, 1, \ldots, k, \ldots, n$ annimmt mit den Wahrscheinlichkeiten*

$$P_n(X = k) = \binom{n}{k} p^k (1 - p)^{n-k},$$

genügt einer Binomialverteilung.[5])

3.1.4. *Einige Beispiele.* 1.) Wie groß ist beim Würfelwerfen die Wahrscheinlichkeit, bei 10 Würfen genau 3-mal eine 6 zu werfen?

Lösung: Wir wenden die Binomialverteilung mit $n = 10$ und $k = 3$ an. Sei A das Ereignis, eine 6 zu werfen; $\Rightarrow P(A) = p = \dfrac{1}{6}$ und $P(\bar{A}) = 1 - p = q = \dfrac{5}{6}$.

---

[4]) Jakob Bernoulli, 1654–1705.
[5]) Auf die Einführung der Binomialverteilung durch einen endlichen stochastischen Prozeß soll hier nicht eingegangen werden.

Damit $P_{10}(3) = \binom{10}{3}\left(\frac{1}{6}\right)^3\left(\frac{5}{6}\right)^7 = \frac{4 \cdot 5^8}{6^9} = 0,156.$

2.) Aus einem Skatspiel[6]) werden nacheinander 6 Karten gezogen, wobei die jeweils gezogene Karte wieder zurückgelegt wird. Wie groß ist die Wahrscheinlichkeit P, dabei *mindestens* 3 Asse zu ziehen?

Lösung: Wir benutzen die Binomialverteilung mit $n = 6$. Sei A das Ereignis, ein As zu ziehen; da unter den 32 Karten 4 Asse sind,

$$\Rightarrow P(A) = p = \frac{4}{32} = \frac{1}{8} \text{ und } P(\bar{A}) = 1 - p = q = \frac{7}{8}.$$

Das Ereignis, bei den 6 Zügen mindestens 3 Asse zu ziehen, setzt sich zusammen aus den 4 paarweise unvereinbaren Ereignissen,

genau 3 Asse zu ziehen,

genau 4 Asse zu ziehen,

genau 5 Asse zu ziehen,

genau 6 Asse zu ziehen.

(Die Fälle „genau 5 Asse" und „genau 6 Asse" sind möglich, da die gezogene Karte wieder zurückgelegt wird.)

$$P = P_6(3) + P_6(4) + P_6(5) + P_6(6) =$$

$$= \binom{6}{3}\left(\frac{1}{8}\right)^3\left(\frac{7}{8}\right)^3 + \binom{6}{4}\left(\frac{1}{8}\right)^4\left(\frac{7}{8}\right)^2 + \binom{6}{5}\left(\frac{1}{8}\right)^5\left(\frac{7}{8}\right)^1 +$$

$$+ \binom{6}{6}\left(\frac{1}{8}\right)^6\left(\frac{7}{8}\right)^0 = 0,03.$$

3.1.5. Wir untersuchen nun $P_n(k) = P_n(X = k)$ in Abhängigkeit von k bei festem n und festem p. Hier als Beispiel $P_6(k)$ mit $p = \frac{1}{3}$:

$$P_6(0) = \binom{6}{0}\left(\frac{1}{3}\right)^0\left(\frac{2}{3}\right)^6 = \frac{64}{3^6}; \quad P_6(1) = \binom{6}{1}\left(\frac{1}{3}\right)^1\left(\frac{2}{3}\right)^5 = \frac{192}{3^6};$$

---

[6]) 4 Farben mit insgesamt 32 Karten.

ebenso

$$P_6(2) = \frac{240}{3^6}; \quad P_6(3) = \frac{160}{3^6}; \quad P_6(4) = \frac{60}{3^6}; \quad P_6(5) = \frac{12}{3^6}; \quad P_6(6) = \frac{1}{1^6}.$$

Es gilt (vgl. die Formel (5) in 3.1.6.)

$$\sum_{k=0}^{6} P_6(k) = \frac{729}{3^6} = 1.$$

Damit erhalten wir folgenden Graphen der Wahrscheinlichkeitsfunktion $P_6(k) = P_6(X = k)$ (Fig. 1):

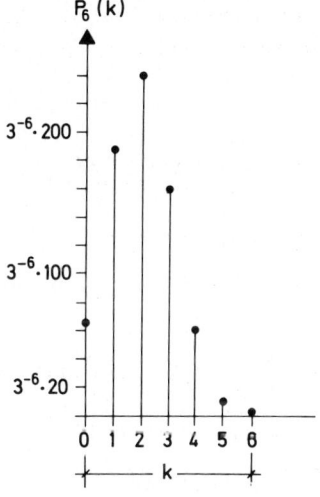

Fig. 1

Die zugehörige Verteilungsfunktion $F(x) = P_6(X \leqslant x)$ hat den in Fig. 2 dargestellten Graphen.

Für $p = q = \frac{1}{2}$ erhält man in Fig. 1 ein symmetrisches Bild.

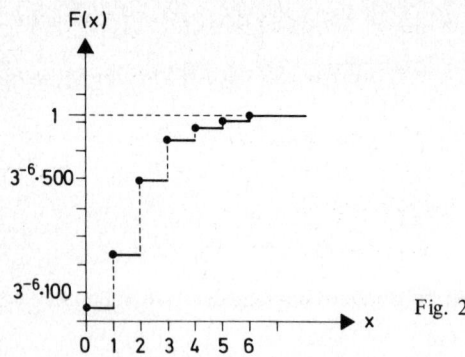

Fig. 2

3.1.6. Wir wollen noch einige elementare Eigenschaften der Binomialverteilung nennen:

(4) Zur sukzessiven Berechnung der Wahrscheinlichkeiten einer Binomialverteilung benutzt man mit Vorteil die Rekursionsformel

$$P_n(X = k + 1) = \frac{n-k}{k+1} \frac{p}{q} P_n(X = k) \text{ oder } \frac{P_n(X = k+1)}{P_n(X = k)} = \frac{n-k}{k+1} \frac{p}{q}$$

$(k = 0, 1, \ldots, n - 1)$.

(5) Da X nur die Werte $0, 1, 2, \ldots, n$ annehmen kann, muß

$$\sum_{k=0}^{n} P_n(X = k) = \sum_{k=0}^{n} P_n(k) = P(E) = 1$$

sein. Das läßt sich auch direkt nachrechnen: Mit Hilfe des binomischen Satzes wird

$$\sum_{k=0}^{n} P_n(X = k) = \sum_{k=0}^{n} \binom{n}{k} p^k q^{n-k} = (p + q)^n = 1,$$

da $p + q = 1$.

(6) Die Verteilungsfunktion der Binomialverteilung lautet

$$F(x) = P(X \leq x) = P(k \leq x) = \sum_{k \leq x} \binom{n}{k} p^k q^{n-k}.$$

Für $x < 0$ ist die Summe leer und $= 0$ zu setzen. Bei $x > n$ sind die Summanden mit $k > n$ alle gleich 0, da in diesem Fall $\binom{n}{k} = 0$ ist.[7])

(7) *Mittelwert* $\mu = E[X]$ *der Binomialverteilung.* Die diskrete Zufallsvariable X kann hier die Werte $x_j = k = 0, 1, \ldots, n$ annehmen. Die zugehörigen Wahrscheinlichkeiten sind $p_j = P_n(X = k) = P_n(k) = \binom{n}{k} p^k q^{n-k}$. Wir beweisen dann den folgenden

Satz 2: *Der Mittelwert der Binomialverteilung* $P_n(k) = P_n(X = k)$ *ist* $\mu = E[X] = np$.

(Eine andere Herleitung mit Hilfe momenterzeugender Funktionen wurde in § 2.7. gegeben.)

Beweis: Nach Definition des Mittelwertes ist

$$\mu = \sum_{k=0}^{n} k P_n(X = k) = \sum_{k=0}^{n} k \binom{n}{k} p^k q^{n-k} =$$

$$= \sum_{k=0}^{n} k \frac{n!}{k!\,(n-k)!} p^k q^{n-k};$$

in dieser Summe entsteht für $k = 0$ der Summand 0; somit

$$\mu = \sum_{k=1}^{n} k \frac{n!}{k!\,(n-k)!} p^k q^{n-k} =$$

$$= \sum_{k=1}^{n} \frac{n!}{(k-1)!\,(n-k)!} p^k q^{n-k} =$$

$$= np \sum_{k=1}^{n} \frac{(n-1)!}{(k-1)!\,(n-k)!} p^{k-1} q^{n-k} =$$

$$= np \sum_{k=1}^{n} \frac{(n-1)!}{(k-1)!\,(n-1-k+1)!} p^{k-1} q^{n-1-k+1};$$

---

[7]) Natürlich hängt die Verteilungsfunktion auch noch von n und p ab, was man durch die Schreibweise $F(x) = F_{n,p}(x)$ zum Ausdruck bringen kann.

nun führen wir die neue Summationsveränderliche s ein, indem wir $k - 1 = s$ setzen; wenn k die Zahlen $1, \ldots, n$ durchläuft, dann nimmt $s = k - 1$ die Werte $0, \ldots, n - 1$ an.

$$\Rightarrow \mu = np \sum_{s=0}^{n-1} \frac{(n-1)!}{s!\,(n-1-s)!}\, p^s q^{n-1-s}$$

$$= np \sum_{s=0}^{n-1} \binom{n-1}{s} p^s q^{n-1-s};$$

unter Benutzung des binomischen Satzes und wegen $p + q = 1$

$$\Rightarrow \mu = np\,(p+q)^{n-1} = np.$$

(8) Zur Berechnung der *Varianz* σ^2 der Binomialverteilung benutzen wir den Satz $\sigma^2 = E\,[X^2] - \mu^2$ (siehe § 2.4.) und berechnen zuerst $E\,[X^2]$. Nach Definition ist

$$E\,[X^2] = \sum_{k=0}^{n} P_n\,(X=k)\, k^2 = \sum_{k=0}^{n} \binom{n}{k} p^k q^{n-k} k^2 =$$

$$= \sum_{k=0}^{n} \frac{n!}{k!\,(n-k)!}\, p^k q^{n-k} k^2 = \sum_{k=1}^{n} \frac{n!}{k!\,(n-k)!}\, p^k q^{n-k} k^2 =$$

$$= \sum_{k=1}^{n} \frac{n!}{(k-1)!\,(n-k)!}\, p^k q^{n-k} k =$$

$$= np \sum_{k=1}^{n} \frac{(n-1)!}{(k-1)!\,(n-k)!}\, p^{k-1} q^{n-k} k =$$

$$= np \sum_{k=1}^{n} \frac{(n-1)!}{(k-1)!\,(n-1-k+1)!}\, p^{k-1} q^{n-1-k+1} k.$$

Nun setzen wir die neue Summationsveränderliche $s = k - 1$;

$$\Rightarrow E\,[X^2] = np \sum_{s=0}^{n-1} \frac{(n-1)!}{s!\,(n-1-s)!}\, p^s q^{n-1-s}\,(s+1) =$$

$$= np \sum_{s=0}^{n-1} \frac{(n-1)!}{s!\,(n-1-s)!}\, p^s q^{n-1-s} s\,+$$

$$+ np \sum_{s=0}^{n-1} \frac{(n-1)!}{s!\,(n-1-s)!}\, p^s q^{n-1-s}.$$

Wir bezeichnen hierin die erste Summe mit S_1 und die zweite mit S_2 und formen zunächst S_1 um:

$$S_1 = \sum_{s=0}^{n-1} \frac{(n-1)!}{s!\,(n-1-s)!}\, p^s q^{n-1-s} s = \sum_{s=1}^{n-1} \frac{(n-1)!}{s!\,(n-1-s)!}\, p^s q^{n-1-s} s =$$

$$= \sum_{s=1}^{n-1} \frac{(n-1)!}{(s-1)!\,(n-1-s)!}\, p^s q^{n-1-s} =$$

$$= p\,(n-1) \sum_{s=1}^{n-1} \frac{(n-2)!}{(s-1)!\,(n-1-s)!}\, p^{s-1} q^{n-1-s} =$$

$$= p\,(n-1) \sum_{s=1}^{n-1} \frac{(n-2)!}{(s-1)!\,(n-2-s+1)!}\, p^{s-1} q^{n-2-s+1}.$$

Jetzt ersetzen wir $s-1$ durch t;

$$\Rightarrow S_1 = p\,(n-1) \sum_{t=0}^{n-2} \frac{(n-2)!}{t!\,(n-2-t)!}\, p^t q^{n-2-t} =$$

$$= p\,(n-1)\,(p+q)^{n-2} = p\,(n-1), \quad \text{da} \ \ p+q = 1.$$

Ferner ist

$$S_2 = \sum_{s=0}^{n-1} \frac{(n-1)!}{s!\,(n-1-s)!}\, p^s q^{n-1-s} = (p+q)^{n-1} = 1.$$

Also $E[X^2] = np^2\,(n-1) + np \cdot 1 = np\,(np-p+1) = np\,(np+q) = n^2 p^2 + npq$.

Hiermit ist die Varianz $\sigma^2 = E[X^2] - \mu^2 = n^2 p^2 + npq - n^2 p^2 = npq$. Also haben wir den

Satz 3: *Die Varianz der Binomialverteilung $P_n(k) = P_n(X=k)$ ist* $\sigma^2 = npq$.

§ 3.2. Die Poissonverteilung

3.2.1. Wir gehen von folgender Aufgabe aus:

Gegen sind n_0 Kugeln und N_0 Fächer. Die n_0 Kugeln werden zufällig und unabhängig voneinander auf die N_0 Fächer verteilt, so daß für jede einzelne der n_0 Kugeln die Wahrscheinlichkeit, in irgendeines der N_0 Fächer zu gelangen, gleich $\dfrac{1}{N_0} = p_0$ ist.

Frage: Wie groß ist die Wahrscheinlichkeit, daß sich am Schluß in irgendeinem Fach (∗) genau k Kugeln ($0 \leqslant k \leqslant n_0$) befinden?

Wir benutzen die Binomialverteilung: Sei A = Ereignis, daß eine Kugel in Fach (∗) kommt. Die Wahrscheinlichkeit, daß genau k-mal das Ereignis A eintritt, ist

$$P_{n_0}(k) = \binom{n_0}{k} p_0^k (1 - p_0)^{n_0 - k} = P_{n_0}(X = k),$$

wenn k als Zufallsvariable X genommen wird. X ist also diskrete Zufallsvariable, welche die Werte $0, 1, \ldots, n_0$ annehmen kann.

Nun ändern wir die Bedingungen dieser Zufallserscheinung folgendermaßen ab: Die Anzahl n_0 der Kugeln wird vergrößert auf n_1, ebenso wird die Anzahl der Fächer N_0 vergrößert auf N_1; dabei muß dann $\dfrac{1}{N_1} = p_1 < p_0$ werden. Wir verlangen nun noch, daß hierbei

$$\frac{n_0}{N_0} = n_0 p_0 = \frac{n_1}{N_1} = n_1 p_1 = \text{konstant}$$

bleiben soll. Die Anzahl der Kugeln und die Anzahl der Fächer müssen also im selben Verhältnis zunehmen. Wir fragen dann wieder nach der Wahrscheinlichkeit, daß sich am Schluß nach der Verteilung der n_1 Kugeln auf die N_1 Fächer in irgendeinem Fach (∗) genau k Kugeln befinden. Die Binomialverteilung ist jetzt mit n_1 statt n_0 und $\dfrac{1}{N_1} = p_1$ statt p_0 anzuwenden.

Wir denken uns nun dieses Verfahren wiederholt, daß bei jedem Schritt die Anzahl n_j der Kugeln und die Anzahl N_j der Fächer vergrößert wird, aber so, daß

$$\frac{n_j}{N_j} = n_j p_j = \text{konstant}$$

bleibt; wir bezeichnen diese (positive) Konstante mit λ.

3.2.2. Nach diesem Beispiel betrachten wir jetzt allgemein eine Folge von Zufallsvariablen X_n ($n = n_0, n_0 + 1, n_0 + 2, \ldots$ ($n_0 \in \mathbb{N}$)), die alle Binomialverteilungen mit den Wahrscheinlichkeitsfunktionen

$$P_n(X_n = k) = \binom{n}{k} p^k q^{n-k} \qquad (k \in \{0, 1, \ldots, n\})$$

genügen; die Wahrscheinlichkeiten p für das Eintreten des Ereignisses A hängen dabei auch noch von der Folgennumer n ab, und wir schreiben daher $p = p_n$ (q_n ist dann $1 - p_n$). Es soll $0 < p_n < 1$ sein.

Nun machen wir den Grenzübergang $n \to \infty$, wobei aber $np_n = \lambda$ ($\lambda > 0$) konstant bleiben soll[8]). Das hat zur Folge, daß die Wahrscheinlichkeiten $p_n \to 0$ gehen müssen, und zwar im umgekehrten Verhältnis wie $n \to \infty$ geht. k wird von dem Grenzübergang nicht beeinflußt.

Wir fragen nun nach dem Grenzwert der Folge der Wahrscheinlichkeitsfunktionen[9])

$$(1) \qquad P_n(X_n = k) = \binom{n}{k} p_n^k (1 - p_n)^{n-k} = \binom{n}{k} \left(\frac{\lambda}{n}\right)^k \left(1 - \frac{\lambda}{n}\right)^{n-k}$$

bei dem oben beschriebenen Grenzübergang $n \to \infty$. Zunächst formen wir (1) um:

$$P_n(X_n = k) = \frac{n(n-1) \ldots (n-k+1)}{k!} \frac{\lambda^k}{n^k} \left(1 - \frac{\lambda}{n}\right)^{n-k} =$$

$$= \frac{\lambda^k}{k!} \frac{n(n-1) \ldots (n-k+1)}{n^k} \left(1 - \frac{\lambda}{n}\right)^n \left(1 - \frac{\lambda}{n}\right)^{-k} =$$

$$= \frac{\lambda^k}{k!} \left[1 \left(1 - \frac{1}{n}\right)\left(1 - \frac{2}{n}\right) \ldots \left(1 - \frac{k-1}{n}\right)\right] \left[\left(1 - \frac{\lambda}{n}\right)^n\right] \left[\left(1 - \frac{\lambda}{n}\right)^{-k}\right]$$

Wir bezeichnen nun die erste eckige Klammer mit A, die zweite mit B und die dritte mit C und betrachten für diese die Grenzübergänge getrennt. k ist als fester Wert vom Grenzübergang unabhängig.

---

[8]) Also die Mittelwerte der binomialverteilten Zufallsvariablen X_n sind alle gleich λ. – Der Grenzübergang läßt sich auch mit $np \to \lambda$ durchführen.

[9]) Eine Folge von Funktionen $f_n(x)$ ($n = 1, 2, \ldots$) heißt *konvergent gegen die Grenzfunktion* $f(x)$, wenn gilt $\lim_{n \to \infty} f_n(x) = f(x)$ für alle x des betrachteten Definitionsbereichs der Funktionen $f_n(x)$ („punktweise Konvergenz").

(I) $\lim\limits_{n \to \infty} A = \lim\limits_{n \to \infty} \left(1 - \frac{1}{n}\right)\left(1 - \frac{2}{n}\right) \cdots \left(1 - \frac{k-1}{n}\right) = 1$

(da $k - 1$ Faktoren und jeder Faktor → 1).

(II)   In $\lim\limits_{n \to \infty} B = \lim\limits_{n \to \infty} \left(1 - \frac{\lambda}{n}\right)^n$ setzen wir $\frac{\lambda}{n} = \frac{1}{t}$; ⇒ $n = \lambda t$.

Für $n \to \infty \Rightarrow t \to \infty$.

Also $\lim\limits_{n \to \infty} \left(1 - \frac{\lambda}{n}\right)^n = \lim\limits_{t \to \infty} \left(1 - \frac{1}{t}\right)^{\lambda t} = \lim\limits_{t \to \infty} \left[\left(1 - \frac{1}{t}\right)^t\right]^{\lambda} = e^{-\lambda}$,

denn $\lim\limits_{t \to \infty} \left(1 - \frac{1}{t}\right)^t = e^{-1}$.

(III) $\lim\limits_{n \to \infty} C = \lim\limits_{n \to \infty} \left(1 - \frac{\lambda}{n}\right)^{-k} = 1$.

Damit erhalten wir eine neue diskrete Verteilung, bei welcher die Zufallsvariable X die Werte $0, 1, 2, \ldots, k, \ldots$ annimmt mit den Wahrscheinlichkeiten

$$p_j = P(X = k) = \frac{\lambda^k}{k!}\, e^{-\lambda} \quad (\lambda > 0 \text{ const.}).$$

Zusammenfassend geben wir folgende

Definition: *Eine Zufallsvariable X, welche die Werte* 0, 1, 2, ...,
k, ... annimmt mit den Wahrscheinlichkeiten

$$P(X = k) = p_j = \frac{\lambda^k}{k!}\, e^{-\lambda} \quad (\lambda > 0 \text{ const.}),$$

genügt einer Poissonverteilung [10]).

3.2.3. Das Ergebnis können wir auch folgendermaßen interpretieren: Eine Folge von Binomialverteilungen

$$P_n(k) = \binom{n}{k} p^k (1 - p)^{n-k} = P_n(X = k) \qquad (k = 0, 1, \ldots, n)$$

---

[10]) Siméon Denis Poisson, 1781–1840.

strebt beim Grenzübergang $n \to \infty$ ($n = n_0$, $n_0 + 1$, $n_0 + 2$, ... ($n_0 \in \mathbb{N}$))
mit der Bedingung $np = \lambda$ (daraus folgt $p \to 0$ für $n \to \infty$) gegen die
Poissonverteilung

$$P(X = k) = \frac{\lambda^k}{k!} \, e^{-\lambda} \qquad (k = 0, 1, 2, \ldots)$$

als „Grenzverteilung".

Da bei diesem Grenzübergang mit $n \to \infty$ auch $p \to 0$ ging und
$p = P(A)$ die Wahrscheinlichkeit für das Eintreten eines Ereignisses
A war, heißt die Poissonverteilung auch *Verteilung der seltenen Ereignisse.*

Eine Poissonverteilung ist durch den Parameter λ eindeutig charakterisiert[11]).

3.2.4. Bei den Anwendungen wird man nur selten solche Folgen
von Zufallserscheinungen haben, wie sie bei der Herleitung der
Poissonverteilung benutzt wurden. Die Bedeutung der Poissonverteilung für die Praxis liegt jedoch darin, daß man die Binomialverteilung für große n und kleine p durch eine Poissonverteilung
approximieren kann. Man kann sich nämlich die gegebene Aufgabe
in eine solche Folge von Zufallserscheinungen „eingebettet" denken,
wie sie bei der Herleitung der Poissonverteilung vorausgesetzt war.

Als Faustregel, wann die Binomialverteilung durch die Poissonverteilung ersetzt werden darf, benutzt man in der Praxis oft die Bedingung $n \geqslant 50$ und $np \leqslant 5$.

3.2.5. *Einige Eigenschaften der Poissonverteilung*
(2) Der charakteristische Parameter der Poissonverteilung ist λ. In
der folgenden Tabelle ist $\lambda = 1$ und $\lambda = 2$ betrachtet:

$$\lambda = 1: \quad P(X = k) = \frac{1}{k!} \, e^{-1};$$

---

[11]) Auf die Einführung der Poissonverteilung durch einen stochastischen Prozeß soll hier nicht eingegangen werden.

k	0	1	2	3	4	5
P	e^{-1}	e^{-1}	$\dfrac{e^{-1}}{2}$	$\dfrac{e^{-1}}{6}$	$\dfrac{e^{-1}}{24}$	$\dfrac{e^{-1}}{120}$

$\lambda = 2$: $P(X = k) = \dfrac{2^k}{k!}\, e^{-2}$;

k	0	1	2	3	4	5
P	e^{-2}	$2e^{-2}$	$\dfrac{4}{2}e^{-2}$	$\dfrac{8}{6}e^{-2}$	$\dfrac{16}{24}e^{-2}$	$\dfrac{32}{120}e^{-2}$

Daraus erhält man die folgende graphische Darstellung der Poisson-verteilung für $\lambda = 1$ und $\lambda = 2$ (Fig. 1):

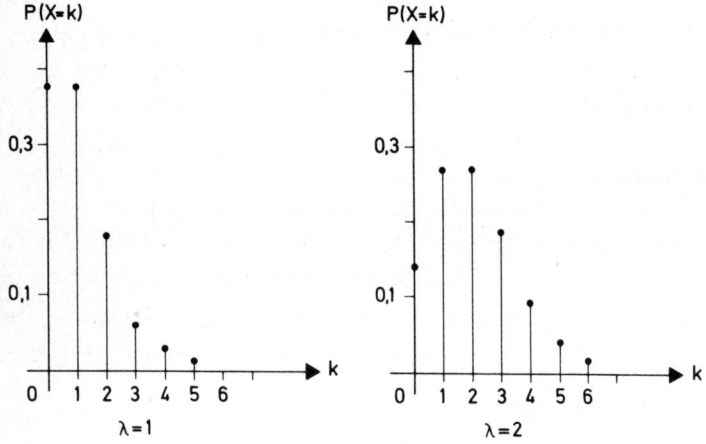

Fig. 1

(3) Zur sukzessiven Berechnung der Wahrscheinlichkeiten der Poissonverteilung kann man folgende Aussage benutzen:

$$P(X = k + 1) = \frac{\lambda}{k + 1}\, P(X = k); \quad \text{oder} \quad \frac{P(X = k + 1)}{P(X = k)} = \frac{\lambda}{k + 1}.$$

Beweis:

$$P(X = k + 1) = \frac{\lambda^{k+1}}{(k+1)!} e^{-\lambda} = \frac{\lambda}{k+1} \frac{\lambda^k}{k!} e^{-\lambda} = \frac{\lambda}{k+1} P(X = k).$$

Folgerung:

Falls $k < \lambda - 1 \Rightarrow k + 1 < \lambda \Rightarrow \dfrac{\lambda}{k+1} > 1 \Rightarrow P(X = k + 1) >$

$$> P(X = k) \text{ (steigend)};$$

falls $k = \lambda - 1 \Rightarrow$ $\dfrac{\lambda}{k+1} = 1 \Rightarrow P(X = k + 1) =$

$$= P(X = k) \text{ Maximum};$$

falls $k > \lambda - 1 \Rightarrow$ $\dfrac{\lambda}{k+1} < 1 \Rightarrow P(X = k + 1) <$

$$< P(X = k) \text{ (fallend)}.$$

Die Folgerung bestätigt man leicht an Fig. 1.

(4) Es muß gelten $\displaystyle\sum_{k=0}^{\infty} P(X = k) = 1.$

Das läßt sich auch leicht direkt nachrechnen:

$$\sum_{k=0}^{\infty} P(X = k) = \sum_{k=0}^{\infty} \frac{\lambda^k}{k!} e^{-\lambda} = e^{-\lambda} \sum_{k=0}^{\infty} \frac{\lambda^k}{k!} = e^{-\lambda} e^{\lambda} = 1.$$

(5) *Mittelwert* $\mu = E[X]$ *der Poissonverteilung.* Die diskrete Zufallsvariable X kann die Werte $x_j = k = 0, 1, 2, \ldots$ annehmen mit den zugehörigen Wahrscheinlichkeiten $p_j = P(X = k) = \dfrac{\lambda^k}{k!} e^{-\lambda}$. Damit

$$\mu = \sum_{k=0}^{\infty} \frac{\lambda^k}{k!} e^{-\lambda} k = \sum_{k=1}^{\infty} \frac{\lambda^k}{k!} e^{-\lambda} k =$$

(da für $k = 0$ der Summand 0 entsteht)

$$= \sum_{k=1}^{\infty} \frac{\lambda^k}{(k-1)!} e^{-\lambda} = \lambda e^{-\lambda} \sum_{k=1}^{\infty} \frac{\lambda^{k-1}}{(k-1)!} =$$

(indem $k - 1 = j$ gesetzt wird)

$$= \lambda e^{-\lambda} \sum_{j=0}^{\infty} \frac{\lambda^j}{j!} = \lambda e^{-\lambda} e^{\lambda} = \lambda.$$

Also gilt für die Poissonverteilung

$$\mu = E[X] = \lambda.$$

(Eine andere Herleitung mit Hilfe momenterzeugender Funktionen wurde in § 2.7. gegeben.)

(6) Zur Bestimmung der *Varianz* σ^2 der Poissonverteilung benutzen wir wieder den Satz $\sigma^2 = E[X^2] - \mu^2$. Es ist

$$E[X^2] = \sum_{k=0}^{\infty} \frac{\lambda^k}{k!} e^{-\lambda} k^2 = \sum_{k=1}^{\infty} \frac{\lambda^k}{k!} e^{-\lambda} k^2 =$$

$$= \lambda e^{-\lambda} \sum_{k=1}^{\infty} \frac{\lambda^{k-1}}{(k-1)!} k =$$

$$= \lambda e^{-\lambda} \sum_{k=1}^{\infty} \frac{\lambda^{k-1}}{(k-1)!} [(k-1)+1] =$$

$$= \lambda e^{-\lambda} \sum_{k=1}^{\infty} \frac{\lambda^{k-1}}{(k-1)!} (k-1) + \lambda e^{-\lambda} \sum_{k=1}^{\infty} \frac{\lambda^{k-1}}{(k-1)!} =$$

$$= \lambda e^{-\lambda} \sum_{k=2}^{\infty} \frac{\lambda^{k-1}}{(k-1)!} (k-1) + \lambda e^{-\lambda} \sum_{j=0}^{\infty} \frac{\lambda^j}{j!} =$$

$$= \lambda^2 e^{-\lambda} \sum_{k=2}^{\infty} \frac{\lambda^{k-2}}{(k-2)!} + \lambda e^{-\lambda} e^{\lambda} =$$

$$= \lambda^2 e^{-\lambda} \sum_{s=0}^{\infty} \frac{\lambda^s}{s!} + \lambda = \lambda^2 e^{-\lambda} e^{\lambda} + \lambda = \lambda^2 + \lambda.$$

Damit erhalten wir für die Poissonverteilung

$$\sigma^2 = \lambda^2 + \lambda - \lambda^2 = \lambda.$$

(Eine andere Herleitung mit Hilfe momenterzeugender Funktionen wurde in § 2.7. gegeben.)

§ 3.3. Die hypergeometrische Verteilung

3.3.1. Wir gehen von folgendem Beispiel aus: In einer Urne befinden sich K weiße und $N - K$ schwarze Kugeln, also insgesamt N Kugeln, die gut vermischt sind. $n \leqslant N$ Kugeln werden aus der Urne gezogen, ohne daß die jeweils gezogene Kugel vor dem nächsten Zug wieder in die Urne zurückgelegt wird. Wir fragen nach der Wahrscheinlichkeit P des Ereignisses A, daß sich unter den n gezogenen Kugeln genau k weiße und damit $n - k$ schwarze befinden.[12])[13])

Wir können hier die klassische Wahrscheinlichkeitsdefinition benutzen.

Aus K weißen Kugeln k Kugeln herauszugreifen[14]) liefert $C_K^k = \binom{K}{k}$ Möglichkeiten;

aus $N - K$ schwarzen Kugeln $n - k$ herauszugreifen[14]) liefert

$$C_{N-K}^{n-k} = \binom{N-K}{n-k} \quad \text{Möglichkeiten.}$$

Da jede Möglichkeit, k weiße Kugeln herausgreifen, mit jeder Möglichkeit, $n - k$ schwarze herauszugreifen, kombiniert werden kann, ist die Anzahl der günstigen Fälle $= \binom{K}{k} \binom{N-K}{n-k}$.

---

[12]) Die Behandlung der entsprechenden Frage *mit* Zurücklegen der gezogenen Kugel führt auf die Binomialverteilung. Die Wahrscheinlichkeit, eine weiße Kugel zu ziehen ist $p = \dfrac{K}{N}$, eine schwarze Kugel zu ziehen $q = \dfrac{N-K}{N}$. Aufgrund der Binomialverteilung $\Rightarrow P_n(k) = \binom{n}{k} p^k q^{n-k} = \binom{n}{k} \left(\dfrac{K}{N}\right)^k \left(\dfrac{N-K}{N}\right)^{n-k}$.

[13]) Auch hier kann man sagen, daß bei den n Beobachtungen k-mal „Erfolg" und $(n-k)$-mal „Mißerfolg" eintritt.

[14]) Ohne Zurücklegen und ohne Berücksichtigung der Reihenfolge.

Die Gesamtanzahl $C_N^n = \binom{N}{n}$ der Möglichkeiten, aus N Kugeln n Kugeln herauszugreifen[15]), liefert die Anzahl der möglichen Fälle.

Also ist die gesuchte Wahrscheinlichkeit aufgrund der klassischen Wahrscheinlichkeitsdefinition

(1) $P = \dfrac{\binom{K}{k} \binom{N-K}{n-k}}{\binom{N}{n}}$ ($k \in \{0, 1, 2, \ldots, n\}$).

Dabei hängt die Wahrscheinlichkeit P noch von N, K und n ab.

Diese durch (1) definierte Verteilung heißt *hypergeometrische Verteilung;* sie ist eine diskrete Verteilung.

k können wir ebenso wie bei der Binomialverteilung auch als diskrete Zufallsvariable X auffassen, welche die Werte $x_j = 0, 1, \ldots,$ $k, \ldots, n$ annimmt.

Die Wahrscheinlichkeitsfunktion von X lautet also

$$P(X = k) = \frac{\binom{K}{k} \binom{N-K}{n-k}}{\binom{N}{n}} \qquad (k = 0, 1, \ldots, n).$$

Die hypergeometrische Verteilung ist durch die Parameter N, K und n vollständig charakterisiert.

3.3.2. Wie wir hier nicht herleiten wollen, ist der Mittelwert der hypergeometrischen Verteilung

$$\mu = n \frac{K}{N}$$

und die Varianz

$$\sigma^2 = \frac{N-n}{N-1} \, n \, \frac{K}{N} \, \frac{N-K}{N}.$$

---

[15]) Ohne Zurücklegen und ohne Berücksichtigung der Reihenfolge.

3.3.3. *Approximation der hypergeometrischen Verteilung durch die Binomialverteilung.* Die Wahrscheinlichkeitsfunktion der hypergeometrischen Verteilung schreiben wir folgendermaßen um:

$$\frac{\binom{K}{k}\binom{N-K}{n-k}}{\binom{N}{n}} = \frac{K!\,(N-K)!\,n!\,(N-n)!}{k!\,(K-k)!\,(n-k)!\,(N-K-n+k)!\,N!} =$$

$$= \frac{n!}{k!\,(n-k)!}\;\frac{(N-n)!}{(K-k)!\,(N-n-K+k)!}\;\frac{K!\,(N-K)!}{N!} =$$

$$= \frac{n!}{k!\,(n-k)!}\;\frac{K\,(K-1)\ldots(K-k+1)\,(N-K)\,(N-K-1)\ldots(N-K-n+k+1)}{N\,(N-1)\ldots(N-n+1)}.$$

Wir kürzen nun den letzten Bruch $n = k + (n-k)$ mal durch den Faktor N; indem wir noch $\frac{K}{N} = p$ setzen

$$\Rightarrow \binom{n}{k}\;\frac{p\left(p-\dfrac{1}{N}\right)\ldots\left(p-\dfrac{k-1}{N}\right)(1-p)\left(1-p-\dfrac{1}{N}\right)\ldots\left(1-p-\dfrac{n-k-1}{N}\right)}{1\left(1-\dfrac{1}{N}\right)\ldots\left(1-\dfrac{n-1}{N}\right)}.$$

Jetzt machen wir den Grenzübergang $N \to \infty$, halten dabei aber n, k und p konstant[16]); der Binomialkoeffizient $\binom{n}{k}$ wird von dem Grenzübergang nicht berührt,

$$p\left(p-\frac{1}{N}\right)\ldots\left(p-\frac{k-1}{N}\right) \to p^k,$$

$$(1-p)\left(1-p-\frac{1}{N}\right)\ldots\left(1-p-\frac{n-k-1}{N}\right) \to (1-p)^{n-k},$$

$$1\left(1-\frac{1}{N}\right)\ldots\left(1-\frac{n-1}{N}\right) \to 1.$$

---

[16]) Wegen $p = \dfrac{K}{N}$ muß dann auch $K \to \infty$ gehen.

Also erhalten wir

$$\lim_{N \to \infty} \frac{\binom{K}{k} \binom{N-K}{n-k}}{\binom{N}{n}} = \binom{n}{p} p^k (1-p)^{n-k},$$

d.h. die Wahrscheinlichkeitsfunktion der Binomialverteilung. Da bei der hypergeometrischen Verteilung und bei der Binomialverteilung k genau die diskreten Werte $0, 1, \ldots, n$ annimmt, konvergiert also die hypergeometrische Verteilung beim Grenzübergang $N \to \infty$ (und n, k sowie $\frac{K}{N} = p$ konstant) gegen die Binomialverteilung mit den Parametern n und p.

Anschaulich ist dieses Ergebnis plausibel, denn für große Werte von N macht es nichts aus, ob man ohne oder mit Zurücklegen Kugeln aus einer Urne zieht, da die Gesamtanzahl N sich dabei nur verhältnismäßig wenig ändert und die Zahl K und damit also der Anteil $p = \frac{K}{N}$ sich dabei ebenfalls nur verhältnismäßig wenig ändern.

Als Faustregel, wann die hypergeometrische Verteilung durch die Binomialverteilung ersetzt werden kann, benutzt man häufig die Bedingung $\frac{n}{N} \leqslant 0{,}05$.

§ 3.4. Der lokale Grenzwertsatz von De Moivre–Laplace

3.4.1. Beim Übergang von der Binomialverteilung zur Poisson-Verteilung und bei der Approximation der hypergeometrischen Verteilung durch die Binomialverteilung haben wir schon Aussagen der Art kennengelernt, daß eine Folge von Wahrscheinlichkeitsverteilungen bei einem Grenzübergang sich einer anderen Verteilung annähert. Solche Theoreme nennt man *Grenzwertsätze*. Es handelt sich also bei Grenzwertsätzen darum, daß zwischen einer unendlichen Folge von Wahrscheinlichkeitsfunktionen (oder Verteilungsfunktionen) und Wahrscheinlichkeitsfunktionen (bzw. Verteilungsfunktionen) einer anderen Verteilung eine Grenzwertbeziehung hergestellt wird. Solche Sätze haben zum einen eine große theoretische Bedeutung, zum anderen werden sie in der Praxis benutzt, um unter Umständen eine komplizierte Verteilung durch eine einfachei zu handhabende Verteilung zu approximieren.

Man unterscheidet *lokale* und *globale* Grenzwertsätze. In den lokalen Grenzwertsätzen betrachtet man entweder eine Grenzwertbeziehung einer Folge von Wahrscheinlichkeitsfunktionen diskreter Zufallsvariablen oder einer Folge von Dichtefunktionen stetiger Zufallsvariablen. Demgegenüber macht man in globalen Grenzwertsätzen Aussagen über Grenzwertbeziehungen einer Folge von Verteilungsfunktionen.

3.4.2. Wir betrachten eine Folge von Zufallsvariablen X_n ($n = 1, 2, \ldots$), die alle Binomialverteilungen mit den Wahrscheinlichkeitsfunktionen

$$P_n (X_n = k) = \binom{n}{k} p^k q^{n-k} \qquad (k \in \{0, 1, \ldots, n\})$$

genügen sollen; der Parameter p ist dabei eine Konstante. Wir machen die Voraussetzung $0 < p < 1$ und setzen noch

$$\frac{k - np}{\sqrt{npq}} = x. ^{17})$$

Nun betrachten wir den Grenzübergang $n \to \infty$, wobei wir aber für jedes n nur solche k zulassen, für die x in einem endlichen Intervall beschränkt bleiben soll, d.h. es soll sein

(1) $\quad \alpha \leqslant x \leqslant \beta \qquad (\alpha, \beta \in \mathbb{R}$ feste Werte).

p und q bleiben bei dem Grenzübergang konstant.

Die Bedingung (1) hat bei dem Grenzübergang $n \to \infty$ zur Folge, daß dann auch $k \to \infty$ gehen muß, denn

---

[17]) Da np der Mittelwert und $\sqrt{npq}$ die Standardabweichung der Binomialverteilung sind, bedeutet dies eine Standardisierung der Verteilung.

$$k = np + x\sqrt{npq} = np\left(1 + x\sqrt{\frac{q}{np}}\right) \geqslant np\left(1 + \alpha\sqrt{\frac{q}{np}}\right) \to \infty \text{ für}$$

$n \to \infty$.

Ebenso muß $n - k \to \infty$ gehen, denn

$$n - k = n - np - x\sqrt{npq} =$$

$$= n(1 - p) - x\sqrt{npq} = nq - x\sqrt{npq} =$$

$$= nq\left(1 - x\sqrt{\frac{p}{nq}}\right) \geqslant nq\left(1 - \beta\sqrt{\frac{p}{nq}}\right) \to \infty \text{ für } n \to \infty.$$

Wir fragen nun nach einer Grenzwertbeziehung der Folge der Wahr-scheinlichkeitsfunktionen $P_n(X_n = k)$ bei dem oben beschriebenen Grenzübergang $n \to \infty$.

Es gilt der *lokale Grenzwertsatz von de Moivre*[18]*–Laplace:*

Satz 1: *Für* $0 < p < 1$ *genügt die Folge der Wahrscheinlichkeits-funktionen*

$$P_n(X_n = k) = \binom{n}{k}p^k q^{n-k} \quad (q = 1 - p; \; k \in \{0, 1, \ldots, n\})$$

von binomialverteilten Zufallsvariablen X_n *der Grenzwertbeziehung*

$$(2) \quad \lim_{n \to \infty} \frac{P_n(X_n = k)}{\dfrac{1}{\sqrt{2\pi}\sqrt{npq}}\exp\left(-\dfrac{x^2}{2}\right)} = 1 \quad \left(\text{dabei ist } x = \frac{k - np}{\sqrt{npq}}\right)$$

für alle k, *für die* $x\,(x \in \mathbb{R})$ *in einem endlichen Intervall* $\alpha \leqslant x \leqslant \beta$ *liegt.*[19])

Manchmal schreibt man die Aussage (2) auch in der Form

$$P_n(X_n = k) = \binom{n}{k}p^k q^{n-k} \sim \frac{1}{\sqrt{2\pi}\sqrt{npq}}\exp\left(-\frac{x^2}{2}\right)\left(x = \frac{k - np}{\sqrt{npq}}\right)$$

für $n \to \infty$ und alle k, für die $\alpha \leqslant x \leqslant \beta$.

(Das Zeichen $\sim$ wird gelesen „asymptotisch gleich".)

---

[18]) Abraham de Moivre, 1667–1754.
[19]) Die Konvergenz gilt sogar gleichmäßig in k.

Der Satz 1 drückt also die Tatsache aus, daß mit wachsendem n die Binomialverteilung sich einer Normalverteilung (siehe § 3.5.) immer mehr annähert.

Beweis von Satz 1: Wir benutzen die Stirlingsche Formel[20])

$$n! = \sqrt{2\pi n}\left(\frac{n}{e}\right)^n \theta \text{ mit } 0 < \theta \text{ und } \theta \to 1 \text{ für } n \to \infty,$$

die wir ohne Beweis angeben[21]). Damit folgt ($k \neq 0$; $k \neq n$ [22]))

$$P_n(X_n = k) = \binom{n}{k} p^k q^{n-k} = \frac{n!}{k!\,(n-k)!}\, p^k q^{n-k} =$$

$$= \frac{\sqrt{2\pi n}\left(\frac{n}{e}\right)^n \theta_1}{\sqrt{2\pi k}\left(\frac{k}{e}\right)^k \theta_2 \sqrt{2\pi(n-k)}\left(\frac{n-k}{e}\right)^{n-k}\theta_3}\, p^k q^{n-k} =$$

$$= \frac{n^{n+\frac{1}{2}}}{\sqrt{2\pi}\, k^{k+\frac{1}{2}}\,(n-k)^{n-k+\frac{1}{2}}} \exp\{-n+k+(n-k)\} \cdot$$

$$\cdot\, p^k q^{n-k}\, \frac{\theta_1}{\theta_2\theta_3};$$

indem wir den Zähler $n^{n+\frac{1}{2}}$ schreiben als $n^{k+\frac{1}{2}+\left(n-k+\frac{1}{2}\right)-\frac{1}{2}}$, folgt

$$P_n(X_n = k) = \frac{1}{\sqrt{2\pi}\sqrt{n}\sqrt{p}\sqrt{q}}\left(\frac{np}{k}\right)^{k+\frac{1}{2}}\left(\frac{nq}{n-k}\right)^{n-k+\frac{1}{2}}\frac{\theta_1}{\theta_2\theta_3}.$$

---

[20]) James Stirling, 1692–1770.

[21]) Genauer gilt $n! = \sqrt{2\pi n}\left(\frac{n}{e}\right)^n \exp\frac{\epsilon}{12n}$ mit $0 < \epsilon < 1$; wir brauchen hier nur die abgeschwächte Form der Stirlingschen Formel. Ein Beweis der Stirlingschen Formel findet sich in den meisten Lehrbüchern über Differential- und Integralrechnung.

[22]) Dies können wir annehmen, da $k \to \infty$ und $n - k \to \infty$.

Wir schreiben nun

$$\left(\frac{np}{k}\right)^{k+\frac{1}{2}} = \left(\frac{k}{np}\right)^{-\left(k+\frac{1}{2}\right)} = \exp\left\{-\left(k+\frac{1}{2}\right)\ln\frac{k}{np}\right\},$$

$$\left(\frac{nq}{n-k}\right)^{n-k+\frac{1}{2}} = \left(\frac{n-k}{nq}\right)^{-\left(n-k+\frac{1}{2}\right)} = \exp\left\{-\left(n-k+\frac{1}{2}\right)\ln\frac{n-k}{nq}\right\};$$

damit

$$(3) \quad P_n(X_n = k) = \frac{1}{\sqrt{2\pi npq}}\exp\left\{-\left(k+\frac{1}{2}\right)\ln\frac{k}{np} - \left(n-k+\frac{1}{2}\right)\right.$$

$$\left. \ln\frac{n-k}{nq}\right\}\frac{\theta_1}{\theta_2\theta_3}.$$

Wegen $x = \dfrac{k-np}{\sqrt{npq}}$ wird

$$np + \frac{1}{2} + x\sqrt{npq} = np + \frac{1}{2} + k - np = k + \frac{1}{2};$$

$$nq + \frac{1}{2} - x\sqrt{npq} = nq + \frac{1}{2} - k + np = n(p+q) - k + \frac{1}{2} = n - k + \frac{1}{2};$$

$$1 + x\sqrt{\frac{q}{np}} = 1 + \frac{k-np}{\sqrt{npq}}\sqrt{\frac{q}{np}} = 1 + \frac{k-np}{np} = \frac{k}{np};$$

$$1 - x\sqrt{\frac{p}{nq}} = 1 - \frac{k-np}{\sqrt{npq}}\sqrt{\frac{p}{nq}} = 1 - \frac{k-np}{nq} = \frac{n(q+p)-k}{nq} = \frac{n-k}{nq}.$$

Wir schreiben damit die Exponentialfunktion in (3) als

$$(4) \quad \exp\left\{-\left(np + \frac{1}{2} + x\sqrt{npq}\right)\ln\left(1 + x\sqrt{\frac{q}{np}}\right) - \left(nq + \frac{1}{2} - x\sqrt{npq}\right)\right.$$

$$\left. \cdot \ln\left(1 - x\sqrt{\frac{p}{nq}}\right)\right\}$$

Da $x = \dfrac{k-np}{\sqrt{npq}}$ nach Voraussetzung in einem endlichen Intervall liegt, ist $|x|$ beschränkt, also für hinreichend große n wird

$$\left|x\sqrt{\frac{q}{np}}\right| < 1 \quad \text{und} \quad \left|x\sqrt{\frac{p}{nq}}\right| < 1.$$

Wegen der Reihenentwicklung

$$ln\,(1 + u) = u - \frac{u^2}{2} + \frac{u^3}{3} - \frac{u^4}{4} + - \ldots,$$

die für $|u| < 1$ konvergiert, haben wir

$$ln\left(1 + x\sqrt{\frac{q}{np}}\right) = x\sqrt{\frac{q}{np}} - \frac{1}{2}x^2\frac{q}{np} + \ldots,$$

$$ln\left(1 - x\sqrt{\frac{p}{np}}\right) = -x\sqrt{\frac{p}{nq}} - \frac{1}{2}x^2\frac{p}{nq} - \ldots$$

Indem wir dies in der geschweiften Klammer von (4) einsetzen, erhalten wir

$$\{\ldots\} = -\left(np + \frac{1}{2} + x\sqrt{npq}\right)\left(x\sqrt{\frac{q}{np}} - \frac{1}{2}x^2\frac{q}{np} + \ldots\right) -$$

$$-\left(nq + \frac{1}{2} - x\sqrt{npq}\right)\left(-x\sqrt{\frac{p}{nq}} - \frac{1}{2}x^2\frac{p}{nq} - \ldots\right) =$$

$$= -x\sqrt{npq} - \frac{1}{2}x\sqrt{\frac{q}{np}} - x^2 q + \frac{1}{2}x^2 q + \frac{1}{4}x^2\frac{q}{np} + \frac{1}{2}x^3\frac{q^{\frac{3}{2}}}{\sqrt{np}} + \ldots$$

$$+ x\sqrt{npq} + \frac{1}{2}x\sqrt{\frac{p}{nq}} - x^2 p + \frac{1}{2}x^2 p + \frac{1}{4}x^2\frac{p}{nq} - \frac{1}{2}x^3\frac{p^{\frac{3}{2}}}{\sqrt{nq}} + \ldots$$

$$= -x^2(q + p) + \frac{1}{2}x^2(q + p) + \frac{1}{2}x\left(-\sqrt{\frac{q}{np}} + \sqrt{\frac{p}{nq}}\right) +$$

$$+ \frac{1}{4}x^2\left(\frac{q}{np} + \frac{p}{nq}\right) + \frac{1}{2}x^3\left(\frac{q^{\frac{3}{2}}}{\sqrt{np}} - \frac{p^{\frac{3}{2}}}{\sqrt{nq}}\right) + S,$$

wobei der Summand S aus unendlich vielen Gliedern besteht, die im Nenner sicher $\sqrt{n}$ (oder eine höhere Potenz von n) enthalten. Weiter wird dann wegen $p + q = 1$

$$\{\ldots\} = -\frac{1}{2}x^2 + \frac{1}{\sqrt{n}}R;$$

dabei ist R eine Funktion, die von x, n und den Parametern p und q abhängt. Da n in allen Gliedern von R aber nur im Nenner auftritt als Potenz mit Exponenten $\geqslant 0$, und da x beschränkt bleibt, bleibt somit auch R beschränkt. Also gilt in jedem beliebigen endlichen Intervall $\alpha \leq x \leq \beta$ für den Exponentialausdruck (4)

$$\exp\{\ldots\} = \exp\left\{-\frac{1}{2}x^2\right\} \exp\left\{\frac{1}{\sqrt{n}}R\right\} \to$$

$$\to \exp\left\{-\frac{1}{2}x^2\right\} \exp\{0\} = \exp\left\{-\frac{1}{2}x^2\right\} \text{ für } n \to \infty.$$

Wegen $\theta_1 \to 1$ für $n \to \infty$, $\theta_2 \to 1$ für $k \to \infty$ und $\theta_3 \to 1$ für $(n-k) \to \infty$ folgt insgesamt aus (3) für alle $\alpha \leq x \leq \beta$

$$\lim_{n \to \infty} \frac{P_n(X_n = k)}{\dfrac{1}{\sqrt{2\pi npq}} \exp\left(-\dfrac{x^2}{2}\right)} = 1 \qquad \left(\text{wobei } x = \frac{k-np}{\sqrt{npq}}\right).$$

§ 3.5. Die Normalverteilung

3.5.1. Aufgrund des lokalen Grenzwertsatzes (§ 3.4.) wird man dazu geführt, stetige Verteilungen zu betrachten, welche die Dichtefunktion

(1) $f(x) = \dfrac{1}{\sqrt{2\pi}} \exp\left(-\dfrac{x^2}{2}\right)$

oder allgemeiner

(2) $f(x) = \dfrac{1}{\sigma\sqrt{2\pi}} \exp\left(-\dfrac{(x-\mu)^2}{2\sigma^2}\right)$

besitzen. Dabei sind die Funktionen $f(x)$ in (1) und (2) positiv für alle $x \in \mathbb{R}$ (da die Exponentialfunktion immer positiv ist) und es gilt

$$\int\limits_{-\infty}^{+\infty} f(x)\,dx = 1$$

(Beweis § II. 1.); die Eigenschaften einer Dichtefunktion sind also erfüllt.

Außerdem sind μ und σ Konstanten $\in \mathbb{R}$ $(\sigma > 0)$, die sich als Mittelwert und als Standardabweichung, d.h. σ^2 als Varianz dieser Verteilung herausstellen. Den Beweis dafür geben wir in § II. 5.

Wir definieren: *Eine zur Dichtefunktion* (1) *bzw. allgemeiner* (2) *gehörige Wahrscheinlichkeitsverteilung heißt Normalverteilung* (oder *Gauß-Verteilung*[23])).

Oder m. a. W.: Eine stetige Zufallsvariable X, welche eine Dichtefunktion der Form (1) bzw. allgemeiner (2) besitzt, heißt normalverteilt.

Durch die Parameter μ und σ ist eine Normalverteilung also eindeutig beschrieben.

3.5.2. *Diskussion der Funktion* (2) $f(x) = \dfrac{1}{\sigma \sqrt{2\pi}} \exp\left(-\dfrac{(x-\mu)^2}{2\sigma^2}\right)$.

Wir haben oben schon bemerkt, daß gilt

(3) $f(x) > 0$ für alle $x \in \mathbb{R}$.

Weiter ist

(4) $\lim\limits_{x \to \pm \infty} f(x) = 0$;

(5) $f(x)$ *hat ein Maximum für* $x = \mu$*; es ist* $f(\mu) = \dfrac{1}{\sigma\sqrt{2\pi}}$;

(6) *Folgerung aus* (5)*: Je kleiner* σ *ist, desto höher das Maximum.*

(7) *Wendepunkte liegen bei* $\mu + \sigma$ *und* $\mu - \sigma$;

(8) $f(x)$ ist symmetrisch zu $x = \mu$;

(9) Der Graph von $f(x)$ ist in Fig. 1 dargestellt. Man spricht von der *Gaußschen Glockenkurve*.

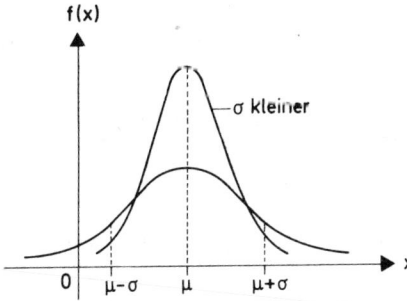

Fig. 1. Gaußsche Glockenkurve.

---

[23]) Carl Friedrich Gauß, 1777–1855.

(10) Die Fläche unter der Glockenkurve, also $\int\limits_{-\infty}^{+\infty} f(x)\,dx = 1$
      (Beweis § II.1.).

3.5.3. Die Verteilungsfunktion $F(x) = P(X \leqslant x)$ einer normalverteilten Zufallsvariablen X lautet dann

$$F(x) = \int\limits_{-\infty}^{x} f(t)\,dt = \frac{1}{\sigma\sqrt{2\pi}} \cdot \int\limits_{-\infty}^{x} \exp\left(-\frac{(t-\mu)^2}{2\sigma^2}\right) dt.$$

Die geometrische Bedeutung von $F(x)$ geht aus Fig. 2 hervor.

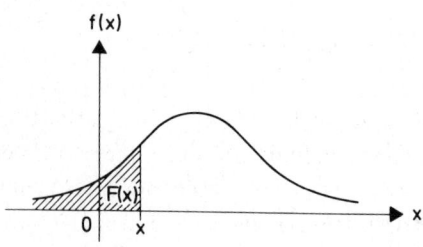

Fig. 2

$F(x)$ ist also die Fläche unterhalb der Kurve $f(x)$ von $-\infty$ bis x. Der Graph von $F(x)$ ist in Fig. 3 dargestellt:

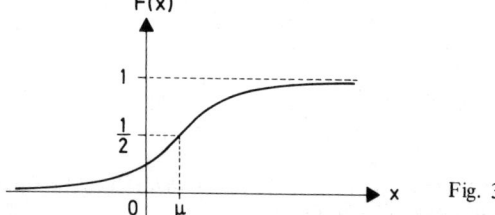

Fig. 3

$F(x)$ hat einen Wendepunkt für $x = \mu$; die Ordinate des Wendepunkts ist $\frac{1}{2}$.

Da die Verteilungsfunktion $F(x)$ von den Parametern μ und σ abhängt, schreiben wir auch $F_{\mu,\sigma}(x)$.[24]

§ 3.6. Standardisierung der Normalverteilung

3.6.1. Für praktische Anwendungen sind häufig die Werte der Verteilungsfunktion

$$F_{\mu,\sigma}(x) = \frac{1}{\sigma\sqrt{2\pi}} \int\limits_{-\infty}^{x} \exp\left(-\frac{(t-\mu)^2}{2\sigma^2}\right) dt$$

nötig. Dieses Integral kann durch elementare Integrationsmethoden (Bestimmung einer Stammfunktion) nicht numerisch berechnet werden. Unter Verwendung von Verfahren, die sich zur numerischen Auswertung von Integralen eignen, hat man Tabellen für die Verteilungsfunktion der Normalverteilung aufgestellt.

Da nun das obige Integral von μ und σ abhängig ist, müßte man also für alle möglichen Wertekombinationen μ, σ Tabellen anfertigen. Das ist aber nicht nötig, denn aufgrund des folgenden Satzes 1 genügt es, die Verteilungsfunktion der Normalverteilung mit $\mu = 0$ und $\sigma = 1$ zu tabellieren (standardisierte[25] Normalverteilung).

Die zur standardisierten Normalverteilung gehörige Verteilungsfunktion wollen wir mit $\Phi(x)$ bezeichnen, also

$$F_{0,1}(x) = \Phi(x) = \frac{1}{\sqrt{2\pi}} \int\limits_{-\infty}^{x} \exp\left(-\frac{t^2}{2}\right) dt.$$

---

[24] Die Gesamtheit der Kurven $F_{\mu,\sigma}(x)$ bildet eine „zweiparametrige Kurvenschar."
[25] Manchmal auch normierte Normalverteilung.

Es gilt nun der

Satz 1: $F_{\mu,\sigma}(x) = \Phi\left(\dfrac{x-\mu}{\sigma}\right).$

Mit anderen Worten bedeutet Satz 1, daß wir die mit dem Mittelwert μ und der Standardabweichung σ normalverteilte Zufallsvariable X einer bestimmten linearen Transformation unterworfen haben und damit zur standardisierten Zufallsvariablen $Y = \dfrac{X-\mu}{\sigma}$ übergangen sind (vgl. § 2.6.).

Beweis von Satz 1: In $F_{\mu,\sigma}(x) = \dfrac{1}{\sigma\sqrt{2\pi}} \displaystyle\int\limits_{-\infty}^{x} \exp\left(-\dfrac{(t-\mu)^2}{2\sigma^2}\right) dt$ führen wir

die neue Integrationsvariable $u = \dfrac{t-\mu}{\sigma}$ ein; $\Rightarrow t = \sigma u + \mu$ und $dt = \sigma du$; der

Integrationsbereich $t: -\infty \ldots x$ geht dabei wegen $\sigma > 0$ über in $u: -\infty \ldots \dfrac{x-\mu}{\sigma}$.

Somit

$$F_{\mu,\sigma}(x) = \frac{1}{\sigma\sqrt{2\pi}} \int\limits_{-\infty}^{\frac{x-\mu}{\sigma}} \exp\left(-\frac{(\sigma u)^2}{2\sigma^2}\right) \sigma du =$$

$$= \frac{1}{\sqrt{2\pi}} \int\limits_{-\infty}^{\frac{x-\mu}{\sigma}} \exp\left(-\frac{u^2}{2}\right) du = \Phi\left(\frac{x-\mu}{\sigma}\right).$$

3.6.2. Für die Verteilungsfunktion $\Phi(x)$ erwähnen wir noch den
Satz 2: *Es gilt* $\Phi(-x) = 1 - \Phi(x).$

Beweis: $\Phi(-x) = \dfrac{1}{\sqrt{2\pi}} \displaystyle\int\limits_{-\infty}^{-x} \exp\left(-\dfrac{t^2}{2}\right) dt =$

(wegen der Symmetrie des Integranden zur y-Achse[26])

———————

[26]) Oder Variablentransformation $t = -u$.

$$= \frac{1}{\sqrt{2\pi}} \int\limits_{x}^{+\infty} \exp\left(-\frac{t^2}{2}\right) dt = \frac{1}{\sqrt{2\pi}} \left[\int\limits_{-\infty}^{+\infty} \ldots - \int\limits_{-\infty}^{x} \ldots \right] =$$

$$= \frac{1}{\sqrt{2\pi}} \int\limits_{-\infty}^{+\infty} \ldots - \frac{1}{\sqrt{2\pi}} \int\limits_{-\infty}^{x} \ldots = 1 - \Phi(x).$$

Geometrischer Beweis: Wegen der Symmetrie zur y-Achse ist (siehe Fig. 1) $\Phi(-x) + \Phi(x) = 1$.

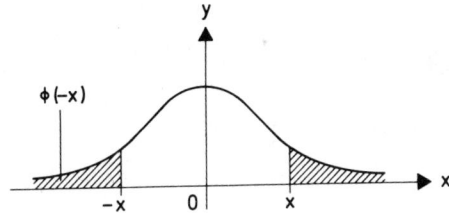

Als Ordinaten sind die Funktionswerte der Dichtefunktion der standardisierten Normalverteilung aufgetragen.

Fig. 1

Folgerung: Es genügt, $\Phi(x)$ für positive Werte von x zu tabellieren. Für negative x ist $\Phi(x)$ mittels des Satzes 2 zu berechnen.

Bemerkung: Manchmal wird auch $\Phi^*(x) = \Phi(x) - \frac{1}{2}$ statt $\Phi(x)$ tabelliert. Da $\Phi(0) = \frac{1}{2} \Rightarrow \Phi^*(x) = \Phi(x) - \Phi(0) =$

$$= \frac{1}{\sqrt{2\pi}} \int\limits_{-\infty}^{x} \exp\left(-\frac{t^2}{2}\right) dt - \frac{1}{\sqrt{2\pi}} \int\limits_{-\infty}^{0} \exp\left(-\frac{t^2}{2}\right) dt =$$

$$= \frac{1}{\sqrt{2\pi}} \int\limits_{0}^{x} \exp\left(-\frac{t^2}{2}\right) dt.$$

Die geometrische Bedeutung von $\Phi^*(x)$ zeigt Fig. 2.

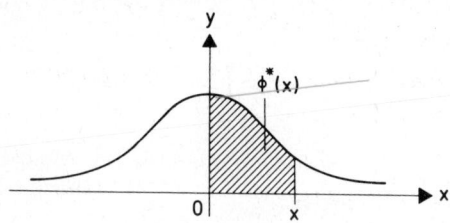

Als Ordinaten sind die Funktionswerte der Dichtefunktion der standardisierten Normalverteilung aufgetragen.

Fig. 2

Für $x < 0$ wird $\Phi^*(x) < 0$.

Es gilt weiter

Satz 3: $\Phi^*(-x) = -\Phi^*(x)$.

Beweis: Unter Benutzung von Satz 2 wird $\phi^*(-x) = \phi(-x) - \dfrac{1}{2} =$

$$= 1 - \Phi(x) - \frac{1}{2} = \frac{1}{2} - \Phi(x) = -\left(-\frac{1}{2} + \Phi(x)\right) = -\Phi^*(x).$$

Wir geben hier eine kurze Tabelle für die Funktion $\Phi^*(x)$.

x	$\Phi^*(x)$	x	$\Phi^*(x)$	x	$\Phi^*(x)$
0,0	0,000				
0,1	0,040	1,1	0,364	2,1	0,482
0,2	0,079	1,2	0,385	2,2	0,486
0,3	0,118	1,3	0,403	2,3	0,489
0,4	0,155	1,4	0,419	2,4	0,492
0,5	0,191	1,5	0,433	2,5	0,494
0,6	0,226	1,6	0,445	2,6	0,495
0,7	0,258	1,7	0,455	2,7	0,496
0,8	0,288	1,8	0,464	2,8	0,497
0,9	0,316	1,9	0,471	2,9	0,498
1,0	0,341	2,0	0,477	3,0	0,499

Bisweilen wird auch $2\,\Phi^*(x) = 2 \int\limits_{0}^{x} \exp\left(-\frac{t^2}{2}\right) dt = \int\limits_{-x}^{+x} \exp\left(-\frac{t^2}{2}\right) dt$ tabelliert;

also $2\,\Phi^*(x) = \Phi(x) - \Phi(-x)$.

Die geometrische Bedeutung von $2\,\Phi^*(x)$ ist in Fig. 3 dargestellt.

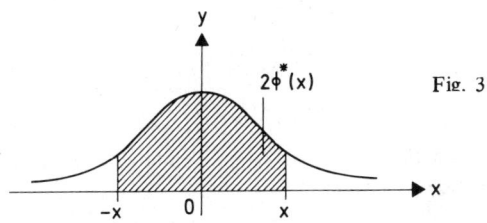

Fig. 3

Als Ordinaten sind die Funktionswerte der Dichtefunktion der standardisierten Normalverteilung aufgetragen.

Vor Gebrauch einer Tabelle ist also immer nachzuprüfen, welche Werte eingetragen sind.

Wenn eine Tabelle in ihrer Schrittbreite nicht ausreicht, kann man lineare Interpolation wie beim Logarithmieren anwenden.

3.6.3. Die Bedeutung der Standardabweichung σ und damit auch der Varianz σ^2 als Streuungsparameter der Normalverteilung wollen wir mit folgendem Beispiel beleuchten: Wir betrachten eine normalverteilte Zufallsvariable X mit dem Mittelwert μ und der Varianz σ^2. Die folgenden Wahrscheinlichkeiten sollen bestimmt werden:

a) $P(\mu - \sigma < X \leqslant \mu + \sigma)$;

b) $P(\mu - 2\sigma < X \leqslant \mu + 2\sigma)$;

c) $P(\mu - 3\sigma < X \leqslant \mu + 3\sigma)$.

(Da die Normalverteilung eine stetige Verteilung ist, darf in den Ungleichungen links auch das Gleichheitszeichen zugelassen werden; siehe auch § 2.3.).

Man bezeichnet das Intervall $\mu - \sigma < X \leqslant \mu + \sigma$ auch als 1σ – Intervall der Zufallsvariablen X, entsprechend $\mu - 2\sigma < X \leqslant \mu + 2\sigma$ als 2σ – Intervall usw.

Lösung:

a) $P(\mu - \sigma < X \leqslant \mu + \sigma) = P(X \leqslant \mu + \sigma) - P(X \leqslant \mu - \sigma) =$

$$= F_{\mu,\sigma}(\mu + \sigma) - F_{\mu,\sigma}(\mu - \sigma) =$$

$$= \Phi\left(\frac{\mu + \sigma - \mu}{\sigma}\right) - \Phi\left(\frac{\mu - \sigma - \mu}{\sigma}\right) =$$

$$= \Phi(1) - \Phi(-1) = \Phi^*(1) + \frac{1}{2} - \Phi^*(-1) - \frac{1}{2} =$$

$$= 2\,\Phi^*(1) = 2 \cdot 0{,}341 = 0{,}682 \approx 68\%.$$

Ebenso

b) $P(\mu - 2\sigma < X \leqslant \mu + 2\sigma) = 2\,\Phi^*(2) = 2 \cdot 0{,}477 = 0{,}954 \approx 95{,}5\%.$

c) $P(\mu - 3\sigma < X \leqslant \mu + 3\sigma) = 2\,\Phi^*(3) = 2 \cdot 0{,}499 = 0{,}998 \approx 99{,}8\%.$

Anders ausgedrückt bedeutet dieses Ergebnis:

Man kann erwarten, daß sich die Werte (Realisationen) einer normalverteilten Zufallsvariablen X bei einer großen Anzahl von Beobachtungen ungefähr folgendermaßen verhalten:

a)   Etwa $\frac{2}{3}$ aller Werte liegen zwischen $\mu - \sigma$ und $\mu + \sigma$,

b)   Etwa 95,5% aller Werte liegen zwischen $\mu - 2\sigma$ und $\mu + 2\sigma$,

c)   Etwa $99\frac{3}{4}\%$ aller Werte liegen zwischen $\mu - 3\sigma$ und $\mu + 3\sigma$.

Die geometrische Bedeutung der Ergebnisse a) und b) ist noch einmal in Fig. 4 veranschaulicht.

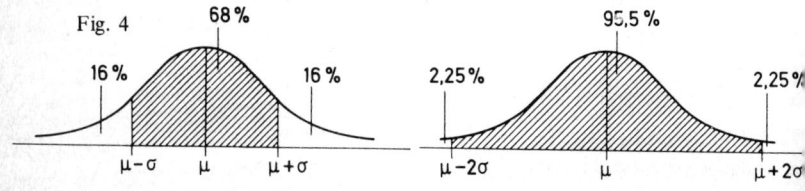

Fig. 4

§ 3.7. Lineare Transformation einer normalverteilen Zufallsvariablen

3.7.1. Auf eine normalverteilte Zufallsvariable X wenden wir nun eine lineare Transformation an (vgl. § 2.6.), wir gehen also von der Zufallsvariablen X zu der Zufallsvariablen $Y = a + bX$ über, und fragen, ob Y etwa auch normalverteilt ist. Es gilt folgender

Satz 1: *Ist X normalverteilt mit dem Mittelwert μ_X und der Varianz σ^2_X, dann ist $Y = a + bY$ ebenfalls normalverteilt, und zwar mit dem Mittelwert $\mu_Y = a + b\mu_X$ und der Varianz $\sigma^2_Y = b^2\sigma^2_X$ ($b \neq 0$).*

Beweis: Die Aussagen über den Mittelwert und die Varianz folgen sofort aus dem Satz 1 in § 2.6. Es bleibt also nur zu zeigen, daß Y normalverteilt ist.

Wir betrachten die Verteilungsfunktion von Y für den Fall $b > 0$

$$F(y) = P(Y \leqslant y) = P(a + bX \leqslant y) = P\left(X \leqslant \frac{y-a}{b}\right) =$$

$$= \frac{1}{\sigma_X\sqrt{2\pi}} \int_{-\infty}^{\frac{y-a}{b}} \exp\left(-\frac{1}{2}\left(\frac{t-\mu_X}{\sigma_X}\right)^2\right) dt.$$

Nun führen wir die neue Integrationsveränderliche $u = bt + a$ ein;
$\Rightarrow dt = \dfrac{du}{b}$ und das Integrationsintervall $-\infty \ldots \dfrac{y-a}{b} \Rightarrow -\infty \ldots y$;

$$\Rightarrow F(y) = \frac{1}{\sigma_X\sqrt{2\pi}} \int_{-\infty}^{y} \exp\left(-\frac{1}{2}\left(\frac{u-a-b\mu_X}{b\sigma_X}\right)^2\right)\frac{du}{b} =$$

$$= \frac{1}{b\sigma_X\sqrt{2\pi}} \int_{-\infty}^{y} \exp\left(-\frac{1}{2}\left(\frac{u-a-b\mu_X}{b\sigma_X}\right)^2\right) du =$$

$$= \frac{1}{\sigma_Y\sqrt{2\pi}} \int_{-\infty}^{y} \exp\left(-\frac{1}{2}\left(\frac{u-\mu_Y}{\sigma_Y}\right)^2\right) du.$$

Also ist Y normalverteilt.

Der Fall $b < 0$ läßt sich ähnlich beweisen.

§ 3.8. Approximation der Binomialverteilung durch die Normalverteilung — Der Integralgrenzwertsatz

3.8.1. Aus dem lokalen Grenzwertsatz von Moivre–Laplace (§ 3.4.) läßt sich der folgende

Integralgrenzwertsatz von Moivre–Laplace herleiten: *Ist* $\{X_n\}$ *(n = 1, 2, ...) eine Folge von binomialverteilten Zufallsvariablen mit den Wahrscheinlichkeitsfunktionen*

$$P_n(X_n = k) = \binom{n}{k} p^k q^{n-k} \quad (q = 1 - p; \; k \in \{0, 1, ..., n\}),$$

so gilt für $0 < p < 1$ *und große Werte von n die Näherung*

$$(1) \quad P_n(a \leqslant X_n \leqslant b) = \sum_{k=a}^{b} \binom{n}{k} p^k q^{n-k} \approx$$

$$\approx \frac{1}{\sqrt{2\pi}} \int_u^v \exp\left(-\frac{x^2}{2}\right) dx = \Phi(v) - \Phi(u);$$

dabei sind a und b ganze Zahlen, und die Integrationsgrenzen erhält man durch

$$u = \frac{a - np - 0{,}5}{\sqrt{npq}}; \qquad v = \frac{b - np + 0{,}5}{\sqrt{npq}}.\text{[27]})$$

Es gilt sogar

$$\lim_{n \to \infty} P_n(a \leqslant X_n \leqslant b) = \frac{1}{\sqrt{2\pi}} \int_u^v \exp\left(-\frac{x^2}{2}\right) dx.$$

Die Approximation durch die Formel (1) wird umso besser, je größer n ist.

Wir begnügen uns hier mit dieser Formulierung des Integralgrenzwertsatzes und verzichten auch auf einen Beweis.

---

[27]) np bedeutet den Mittelwert μ_n von X_n und npq die Varianz σ_n^2.

3.8.2. Durch eine Plausibilitätsbetrachtung wollen wir uns aber die Aussage des Integralgrenzwertsatzes klarmachen. Wir betrachten aus der Folge von binomialverteilten Zufallsvariablen ein Element X_n. Im Schaubild der zugehörigen Wahrscheinlichkeitsfunktion

$$P_n(X_n = k) = \binom{n}{k} p^k q^{n-k}$$

verbreitern wir jede Ordinate für $k = 0, 1, \ldots, n$ um den Wert $\frac{1}{2}$ nach links und nach rechts. Damit erhalten wir Rechteckstreifen je von der Breite 1 und der Höhe $P_n(X_n = k)$; die Fläche aller dieser Rechtecksstreifen muß dann wegen (5) in § 3.1. gleich 1 sein (Fig. 1).

Wenn wir jetzt $P_n(a \leqslant X_n \leqslant b) = \sum_{k=a}^{b} \binom{n}{k} p^k q^{n-k}$ (a, b ganze Zahlen)

betrachten wollen, haben wir die Summe der Rechtecksstreifen von a bis b zu bilden.

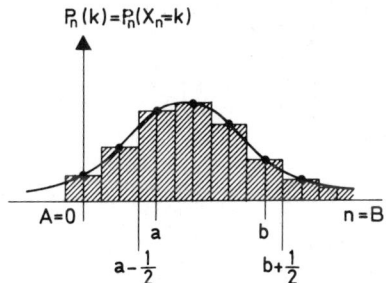

Fig. 1

Nun soll aber $n \to \infty$ gehen. Dann muß die Anzahl der äquidistanten Teilpunkte im Intervall $[A, B]$ gegen ∞ und damit die Länge der einzelnen Teilintervalle gegen 0 gehen. Aus der aus den Rechtecksstreifen von a bis b gebildeten Fläche wird dabei eine Fläche mit einer stetigen Begrenzungskurve am oberen Rand. Diese stetige Begrenzungskurve ist nun nach dem lokalen Grenzwertsatz (§ 3.4.) die Dichtefunktion der Normalverteilung

$$f(x) = \frac{1}{\sqrt{2\pi} \sqrt{npq}} \exp\left(-\frac{x^2}{2}\right) \text{ mit } x = \frac{k - np}{\sqrt{npq}}.$$

k können wir für große Werte von n als kontinuierliche Variable auffassen.

Nehmen wir jetzt wieder das Element X_n aus der Folge von binomialverteilten Zufallsvariablen; der Mittelwert von X_n ist $\mu = np$ und die Standardabweichung $\sigma = \sqrt{npq}$. Also können wir schreiben

$$P_n\,(a \leqslant X_n \leqslant b) \approx \int\limits_{a-\frac{1}{2}}^{b+\frac{1}{2}} f\left(\frac{k-\mu}{\sigma}\right)\, dk =$$

$$(2) \qquad\qquad = \frac{1}{\sigma\sqrt{2\pi}} \int\limits_{a-\frac{1}{2}}^{b+\frac{1}{2}} \exp\left(-\frac{(k-\mu)^2}{2\sigma^2}\right)\, dk.$$

Die Integrationsgrenzen $a - \dfrac{1}{2}$ und $b + \dfrac{1}{2}$ kommen dadurch zustande, daß die Fläche der von a bis b genommenen Streifen von der unteren Grenze $a - \dfrac{1}{2}$ bis zur oberen Grenze $b + \dfrac{1}{2}$ reicht.

Nun wenden wir auf (2) die Transformation $\dfrac{k-\mu}{\sigma} = x$, also $k = \sigma x + \mu$ an; dann folgt $dk = \sigma dx$ und für die Integrationsgrenzen

$$k = a - \frac{1}{2} \;\Rightarrow\; x = \frac{a - \mu - \dfrac{1}{2}}{\sigma} = \frac{a - np - 0{,}5}{\sqrt{npq}} = u;$$

$$k = b + \frac{1}{2} \;\Rightarrow\; x = \frac{b - \mu + \dfrac{1}{2}}{\sigma} = \frac{b - np + 0{,}5}{\sqrt{npq}} = v.$$

Damit

$$P_n\,(a \leqslant X_n \leqslant b) \approx \frac{1}{\sigma\sqrt{2\pi}} \int\limits_{u}^{v} \exp\left(-\frac{x^2}{2}\right) \sigma dx = \Phi\,(v) - \Phi\,(u).$$

3.8.3. Anwendung des Integralgrenzwertsatzes: Approximation der Binomialverteilung durch die Normalverteilung.

Für große Werte von n sind der Binomialkoeffizient $\dbinom{n}{k}$ sowie die Potenzen p^k und q^{n-k} in der Formel der Binomialverteilung numerisch schwer zu berechnen. Zur näherungsweisen Berechnung einer Binomialverteilung durch die Normalverteilung benutzen wir den Integralgrenzwertsatz.

Je näher der Parameter p der Binomialverteilung an $\frac{1}{2}$ liegt, desto symmetrischer ist die Binomialverteilung; desto besser wird daher die Binomialverteilung durch die Normalverteilung angenähert.

Man benutzt als Faustregel für eine hinreichende Genauigkeit der Annäherung einer Binomialverteilung durch die Normalverteilung folgende Ungleichung: Es muß sein

$$(3) \quad n > \frac{9}{pq} = \frac{9}{p\,(1-p)} \quad {}^{28}).$$

Hierin erreicht n ein Minimum für $p = \frac{1}{2}$, wie man durch Differentiation sofort nachrechnet. Dies ist auch verständlich, denn für $p = \frac{1}{2}$ ist die Binomialverteilung symmetrisch, die Approximation durch die Normalverteilung daher schon für kleinere Werte von n gut.

§ 3.9. Die Tschebyscheffsche Ungleichung

3.9.1. Es sei X eine Zufallsvariable, für die der Mittelwert $\mu = E\,[X]$ und die Varianz $\sigma^2 = E\,[(X-\mu)^2]$ existieren sollen; über die Verteilung von X werden sonst keine Voraussetzungen ge-

---

[28]) Manchmal wird statt der Bedingung (3) gefordert (4) $np \geqslant 5$ und $nq = n\,(1-p) \geqslant 5$. Dabei ist die Bedingung (4) schwächer als (3): z.B. $p = q = 0,5$; aus (3) $\Rightarrow n > 36$; aus (4) $\Rightarrow n \geqslant 10$; für $p = 0,25$; $q = 0,75$; aus (3) $\Rightarrow n > 48$; aus (4) $\Rightarrow n \geqslant 20$. Daß Bedingung (4) schwächer ist als Bedingung (3), kann man leicht auch allgemein zeigen:

Aus $npq > 9 \Rightarrow np > \frac{9}{q} > 9 > 5$ und $nq > \frac{9}{p} > 5$; daraus folgt dann (4).

macht. Dann wird X Werte, die stark von μ abweichen, nur selten, also mit kleiner Wahrscheinlichkeit, annehmen; und zwar wird diese Wahrscheinlichkeit umso geringer sein, je kleiner σ^2 ist. Genauer sagt nun der folgende

Satz 1 (Ungleichung von Tschebyscheff[29])): *Sei X eine Zufalls-variable mit dem Mittelwert μ und der Varianz σ^2. Es bedeutet $|X - \mu|$ die Abweichung von X von μ. Dann gilt:*

Die Wahrscheinlichkeit, daß diese Abweichung größer ist als eine gegebene Zahl $a > 0$, ist höchstens gleich $\dfrac{\sigma^2}{a^2}$; also

$$P(|X - \mu| > a) \leqslant \frac{\sigma^2}{a^2}.$$

Wir wollen die Ungleichung von Tschebyscheff gleich in einer etwas allgemeineren Form beweisen:

Satz 1': *Sei X Zufallsvariable und $x_0 \in \mathbb{R}$ beliebig; für die Zufalls-variable X soll der Erwartungswert*

$$E[(X - x_0)^2] = \begin{cases} \displaystyle\sum_j (x_j - x_0)^2 p_j & \text{bzw.} \\[2mm] \displaystyle\int_{-\infty}^{+\infty} (x - x_0)^2 f(x)\,dx \end{cases}$$

existieren; dabei ist die Summe über alle Indizes $j = 1, 2, \ldots$ zu erstrecken.

Dann gilt, daß für jedes $0 < a \in \mathbb{R}$ die Wahrscheinlichkeit

$$P(|X - x_0| > a) \leqslant \frac{1}{a^2} E[(X - x_0)^2]$$

ist.

Für $x_0 = \mu$ folgt aus Satz 1' sofort Satz 1, denn $E[(X - \mu)^2] = \sigma^2$.

---

[29]) Patnutí Lwowítsch Tschebyscheff, 1821–1894. – Diese Ungleichung wird manchmal auch Satz von Bienaymé–Tschebyscheff genannt.

Beweis von Satz 1': **A.** Sei X diskrete Zufallsvariable, welche die Werte $x_1, \ldots, x_j, \ldots$ annimmt mit den Wahrscheinlichkeiten $P(X = x_j) = p_j$. Dann ist

$$(1) \qquad P(|X - x_0| > a) = \Sigma \, p_j,$$

wobei über alle die Indizes j zu summieren ist, für die $|x_j - x_0| > a$ gilt. Aus $|x_j - x_0| > a$ folgt

$$(x_j - x_0)^2 > a^2; \qquad \frac{(x_j - x_0)^2}{a^2} > 1;$$

damit erhalten wir aus (1)

$$(2) \qquad P(|X - x_0| > a) \leqslant \Sigma \, \frac{(x_j - x_0)^2}{a^2} \, p_j = \frac{1}{a^2} \, \Sigma \, (x_j - x_0)^2 \, p_j$$

mit der gleichen Summationsbedingung wie in (1). Da $(x_j - x_0)^2 \, p_j \geqslant 0$ ist für alle $j = 1, 2, \ldots$, wird in (2) die rechte Seite sicher nicht kleiner, wenn wir die Summe über alle Indizes $j = 1, 2, \ldots$ erstrecken;

$$\Rightarrow P(|X - x_0| > a) \leqslant \frac{1}{a^2} \sum_j (x_j - x_0)^2 \, p_j = \frac{1}{a^2} \, E\,[(X - x_0)^2].$$

B. Sei nun X stetige Zufallsvariable mit der Dichtefunktion $f(x)$. Dann ist

$$P(|X - x_0| > a) = P(X - x_0 > a) + P(X - x_0 < - a) =$$

$$(3) \qquad = P(X > x_0 + a) + P(X < x_0 - a) = \int\limits_{x_0 + a}^{\infty} f(x)\,dx +$$

$$+ \int\limits_{-\infty}^{x_0 - a} f(x)\,dx.$$

Ist $x > x_0 + a$ oder $x < x_0 - a$, also $|x - x_0| > a$, so folgt

$$(x - x_0)^2 > a^2; \qquad \frac{(x - x_0)^2}{a^2} > 1;$$

damit erhalten wir aus (3)

$$P(|X - x_0| > a) \leqslant \int\limits_{x_0 + a}^{\infty} \frac{(x - x_0)^2}{a^2} \, f(x)\,dx + \int\limits_{-\infty}^{x_0 - a} \frac{(x - x_0)^2}{a^2} \, f(x)\,dx =$$

$$(4) \qquad = \frac{1}{a^2} \left[\int\limits_{-x_0+a}^{\infty} (x - x_0)^2 f(x)\,dx + \int\limits_{-\infty}^{x_0-a} (x - x_0)^2 f(x)\,dx \right].$$

Da $(x - x_0)^2 f(x) \geqslant 0$ ist für alle $x \in \mathbb{R}$, wird die rechte Seite in (4) sicher nicht kleiner, wenn wir in der eckigen Klammer von $-\infty$ bis $+\infty$ integrieren;

$$\Rightarrow P(|X - x_0| > a) \leqslant \frac{1}{a^2} \int\limits_{-\infty}^{+\infty} (x - x_0)^2 f(x)\,dx = \frac{1}{a^2} E[(X - x_0)^2].$$

Die Tschebyscheffsche Ungleichung kann dazu dienen, die Wahrscheinlichkeit $P(\mu - \lambda\sigma \leqslant X \leqslant \mu + \lambda\sigma)$ abzuschätzen, wenn man keine Kenntnis über das Verteilungsgesetz der Zufallsvariablen X hat, jedoch der Mittelwert μ und die Standardabweichung σ von X bekannt sind. Es ist nämlich

$$P(\mu - \lambda\sigma \leqslant X \leqslant \mu + \lambda\sigma) = P(|X - \mu| \leqslant \lambda\sigma) = 1 - P(|X - \mu| > \lambda\sigma) \geqslant$$
$$\geqslant 1 - \frac{1}{\lambda^2},$$

denn $P(|X - \mu| > \lambda\sigma) \leqslant \dfrac{\sigma^2}{\lambda^2 \sigma^2} = \dfrac{1}{\lambda^2}$ nach der Tschebyscheffschen Ungleichung.

§ 3.10. Gesetze der großen Zahlen

3.10.1. Wir betrachten folgendes Beispiel: Ein Würfel wird n-mal geworfen; wir beobachten das Ereignis A, die Zahl 6 zu werfen. Dann ist $P(A) = \dfrac{1}{6} = p$ und $P(\bar{A}) = \dfrac{5}{6} = q$. Wir bezeichnen mit $f_n(A)$ die absolute Häufigkeit und mit $r_n(A) = \dfrac{f_n(A)}{n}$ die relative Häufigkeit für das Eintreten von A bei den n Würfen des Würfels.

Wir wollen die folgenden Wahrscheinlichkeiten berechnen:

a) $\qquad P(0{,}101 \leqslant r_{10}(A) \leqslant 0{,}299) =$ Wahrscheinlichkeit, daß die relative Häufigkeit von A bei $n = 10$ unabhängigen Beobachtungen zwischen 0,101 und 0,299 liegt;

b) $P(0,101 \leqslant r_{100}(A) \leqslant 0,299)$ (also nun $n = 100$);

c) $P(0,101 \leqslant r_{1000}(A) \leqslant 0,299)$ (also $n = 1000$).

Lösung: a) Als Zufallsvariable X nehmen wir die absolute Häufigkeit $f_n(A)$. Da die Zufallserscheinung $n = 10$mal beobachtet wird, ist X diskrete Zufallsvariable mit den Werten $0,1, \ldots, 10$;

$\Rightarrow r_{10}(A) = \dfrac{f_{10}(A)}{10}$ kann nur die Werte $0; 0,1; \ldots; 1,0$ annehmen;

$\Rightarrow P(0,101 \leqslant r_{10}(A) \leqslant 0,299) = P(r_{10}(A) = 0,2) = P(f_{10}(A) = 2)$;

auf Grund der Binomialverteilung wird

$$P(f_{10}(A) = 2) = P_{10}(X = 2) = \binom{10}{2} \left(\frac{1}{6}\right)^2 \left(\frac{5}{6}\right)^{10-2} =$$

$$= 45 \cdot \left(\frac{1}{6}\right)^2 \left(\frac{5}{6}\right)^8 = 0,291;$$

$\Rightarrow P(0,101 \leqslant r_{10}(A) \leqslant 0,299) = 0,291$.

b) Entsprechend wie in a) kann jetzt X die Werte $0,1, \ldots, 100$ annehmen;

$\Rightarrow r_{100}(A) = \dfrac{f_{100}(A)}{100}$ kann nur die Werte $0; 0,01; \ldots; 1,00$ annehmen;

$\Rightarrow P(0,101 \leqslant r_{100}(A) \leqslant 0,299) = P(10,1 \leqslant f_{100}(A) \leqslant 29,9) =$

$$= P_{100}(X = 11) + P_{100}(X = 12) + \ldots + P_{100}(X = 29) =$$

(1) $$= \sum_{k=11}^{29} P_{100}(X = k) = \sum_{k=11}^{29} \binom{100}{k} \left(\frac{1}{6}\right)^k \left(\frac{5}{6}\right)^{100-k}.$$

Wir approximieren die Binomialverteilung durch die Normalverteilung: Die Faustregel $npq = 100 \dfrac{1}{6} \cdot \dfrac{5}{6} = \dfrac{500}{36} > 9$ ist erfüllt.

Nach (1) war

$$P(0,101 \leqslant r_{100}(A) \leqslant 0,299) = \sum_{k=11}^{29} \binom{100}{k} \left(\frac{1}{6}\right)^k \left(\frac{5}{6}\right)^{100-k} \approx$$

$$\approx \Phi\left(\frac{b - np + 0,5}{\sqrt{npq}}\right) - \Phi\left(\frac{a - np - 0,5}{\sqrt{npq}}\right) =$$

$$= \Phi\left(\frac{29 - 100 \cdot \dfrac{1}{6} + 0,5}{\sqrt{100 \cdot \dfrac{1}{6} \cdot \dfrac{5}{6}}}\right) - \Phi\left(\frac{11 - 100 \cdot \dfrac{1}{6} - 0,5}{\sqrt{100 \cdot \dfrac{1}{6} \cdot \dfrac{5}{6}}}\right) =$$

$$= \Phi(3,443) - \Phi(-1,655) = \Phi^*(3,443) + 0,5 - \Phi^*(-1,655) \cdot$$

$$- 0,5 = 0,4997 + 0,4510 = 0,9507.$$

c) Analog wie in b) haben wir

$$P(0,101 \leqslant r_{1000}(A) \leqslant 0,299) = \sum_{k=101}^{299} \binom{1000}{k} \left(\frac{1}{6}\right)^k \left(\frac{5}{6}\right)^{1000-k} \approx$$

$$\approx \Phi\left(\frac{299 - 1000 \cdot \dfrac{1}{6} + 0,5}{\sqrt{1000 \cdot \dfrac{1}{5} \cdot \dfrac{5}{6}}}\right) - \Phi\left(\frac{101 - 1000 \cdot \dfrac{1}{6} - 0,5}{\sqrt{1000 \cdot \dfrac{1}{6} \cdot \dfrac{5}{6}}}\right) = 1.$$

3.10.2. Das Beispiel zeigt, daß mit wachsendem n die relative Häufigkeit $r_n(A) = \dfrac{f_n(A)}{n}$ mit großer Wahrscheinlichkeit zwischen zwei festen vorgegebenen Grenzen liegt. Diese Aussage gilt allgemein und stellt das *Gesetz der großen Zahlen* dar. Bei der Limesdefinition von R. von Mises wird dieses Gesetz (in einer stärkeren Form) zur Definition der Wahrscheinlichkeit vorausgesetzt, aus den Kolmogoroffschen Axiomen läßt sich das Gesetz aber als Satz herleiten.

Satz *(Gesetz der großen Zahlen): Bei einer Zufallserscheinung trete ein Ereignis A mit der Wahrscheinlichkeit $P(A) = p$ ein. Es sei weiter $r_n(A) = \dfrac{f_n(A)}{n}$ die relative Häufigkeit ($f_n(A)$ = absolute Häufigkeit) des Eintretens von A in einer Folge von n Beobachtungen dieser Zufallserscheinung, wobei die n beobachteten Ereignisse unabhängig sind. Dann gilt für jedes $0 < \epsilon \in \mathbb{R}$*

$$\lim_{n \to \infty} P(|r_n(A) - p| \leqslant \epsilon) = 1;$$

m. a. W.

$$\lim_{n \to \infty} P(p - \epsilon \leqslant r_n(A) \leqslant p + \epsilon) = 1.$$

Dieser Satz sagt nun nicht, daß $r_n(A)$ für $n \to \infty$ gegen $p = P(A)$ konvergiert, sondern nur, daß für hinreichend große n die Wahrscheinlichkeit des Ereignisses $\{|r_n(A) - p| \leqslant \epsilon\}$ beliebig nahe bei 1 liegt.

Beweis: Die Zufallserscheinung wird n-mal beobachtet, wobei die n beobachteten Ereignisse unabhängig sind. Das Ereignis A tritt dabei mit der absoluten Häufigkeit $f_n(A) = k$ ein. Wir fassen $f_n(A)$ als Zufallsvariable X auf.

Dann ist $X = k = f_n(A)$ binomialverteilt mit dem Mittelwert $\mu = np$ und der Varianz $\sigma^2 = npq$, wenn $p = P(A)$ die Wahrscheinlichkeit für das Eintreten des Ereignisses A ist; $q = 1 - p$. Nach der Ungleichung von Tschebyscheff folgt

$$P(|X - \mu| > a) \leqslant \frac{\sigma^2}{a^2},$$

also

$$P(|k - np| > a) \leqslant \frac{npq}{a^2};$$

wir setzen nun $a = \epsilon n$ (ϵ konstant);

$$\Rightarrow P(|k - np| > \epsilon n) \leqslant \frac{npq}{\epsilon^2 n^2} = \frac{pq}{\epsilon^2 n};$$

$$P\left(\left|\frac{k}{n} - p\right| > \epsilon\right) \leqslant \frac{pq}{\epsilon^2 n};$$

$$P\left(\left|\frac{k}{n} - p\right| \leqslant \epsilon\right) = 1 - P\left(\left|\frac{k}{n} - p\right| > \epsilon\right) \geqslant 1 - \frac{pq}{\epsilon^2 n}.$$

Für $n \to \infty \Rightarrow \frac{pq}{\epsilon^2 n} \to 0$; also

$$\lim_{n \to \infty} P\left(\left|\frac{k}{n} - p\right| \leqslant \epsilon\right) = 1.$$

Dieser Satz ist das Gesetz der großen Zahlen in der Form von Bernoulli.

Durch das Gesetz der großen Zahlen wird die Verbindung der axiomatisch entwickelten Theorie der Wahrscheinlichkeitsrechnung mit

der Wirklichkeit hergestellt; es ist eine Bewährung der Kolmogoroffschen Theorie. Das Gesetz der großen Zahlen gibt die Möglichkeit, die Wahrscheinlichkeit eines Ereignisses einer Zufallserscheinung näherungsweise durch die relative Häufigkeit darzustellen, sofern nur die Anzahl der Beobachtungen genügend groß ist. Damit
sind die aufgrund der klassischen Definition der Wahrscheinlichkeit
bestimmten Werte einer empirischen Nachprüfung zugänglich und
unbekannte Wahrscheinlichkeiten praktisch bestimmbar.

3.10.3. Schärfer als das oben formulierte Bernoullische Gesetz der großen
Zahlen (auch *schwaches Gesetz der großen Zahlen* genannt) gilt das Borel-
Cantellische Gesetz der großen Zahlen (*starkes Gesetz der großen Zahlen*)

$$P\left(\lim_{n \to \infty} \frac{k}{n} = p \right) = 1.$$

3.10.4. Im Zusammenhang mit dem Gesetz der großen Zahlen ist noch der
Satz von Gliwenko zu erwähnen, der für die Anwendungen in der Statistik
von großer Bedeutung ist.

Bei einer Zufallserscheinung, welche durch die Zufallsvariable X mit der
Verteilungsfunktion $F(x)$ beschrieben wird, werden n unabhängige Realisationen von X beobachtet; die zu diesen n Beobachtungen gehörige empirische Verteilungsfunktion sei $\tilde{F}_n(x)$. Nun sagt der Satz von Gliwenko, daß
für $n \to \infty$ die Folge der zugehörigen Verteilungsfunktionen $\tilde{F}_n(x)$ mit Wahrscheinlichkeit 1 gegen die Verteilungsfunktion $F(x)$ konvergiert (und zwar
gleichmäßig für alle $x \in \mathbb{R}$).

Genauer formuliert bedeutet das: Ist D_n das Supremum des Betrags der
Differenzen von $\tilde{F}_n(x)$ und $F(x)$, also

$$D_n = \sup \left\{ | \tilde{F}_n(x) - F(x) | \right\} \quad \text{für alle } x \in \mathbb{R},$$

dann gilt

$$P(\lim_{n \to \infty} D_n = 0) = 1.$$

Abschnitt 4:

Mehrdimensionale Verteilungen

§ 4.1. Mehrdimensionale Zufallsvariablen

4.1.1. Wir betrachten folgendes Beispiel: Ein schwarzer und ein roter Würfel werden gleichzeitig geworfen. Wir interessieren uns für die beiden geworfenen Augenzahlen. Die Augenzahl des schwarzen Würfels ist eine Zufallsvariable X_1 und die des roten Würfels ebenfalls eine Zufallsvariable X_2. Wir haben also bei diesem Beispiel das (geordnete) Paar (X_1, X_2) von Zufallsvariablen zu betrachten. Es wird also hier jedem Elementarereignis der Zufallserscheinung durch das Paar (X_1, X_2) von Zufallsvariablen ein Paar von Zahlen zugeordnet. Dieses Paar von Zufallsvariablen fassen wir nun auch als Vektor $\mathfrak{X}$ auf und schreiben $\mathfrak{X} = (X_1, X_2)$.

Allgemein können wir dann

definieren: *Sei* $[\Omega, \mathfrak{A}, P]$ *ein Wahrscheinlichkeitsraum. Wird jedem Element (Elementarereignis)* $\omega \in \Omega$ *durch einen Vektor (eine Funktion)* $\mathfrak{X} = (X_1, X_2, \ldots, X_n)$ *ein n-tupel von Zahlen*

$$\mathfrak{X}(\omega) = (X_1, X_2, \ldots, X_n)(\omega) = (X_1(\omega), X_2(\omega), \ldots, X_n(\omega))$$

zugeordnet, so nennt man $\mathfrak{X}$ *einen (n-dimensionalen) Zufallsvektor oder eine n-dimensionale Zufallsvariable;* dabei muß man noch eine entsprechende Zusatzforderung machen wie bei der Definition einer *eindimensionalen* Zufallsvariablen in § 2.1.

Die Funktion $\mathfrak{X}$, die hier auf Ω definiert ist, hat also Vektoren[1]) als Funktionswerte und wir können die durch $\mathfrak{X}$ vermittelte Abbildung beschreiben durch

$$\mathfrak{X}: \Omega \to \mathbb{R}^n.$$

[1]) Mit reellen Elementen.

Eine n-dimensionale Zufallsvariable über $[\Omega, \mathfrak{A}, P]$ ist also ein n-tupel von eindimensionalen Zufallsvariablen über $[\Omega, \mathfrak{A}, P]$.

Die Bezeichnungen aus § 2.1. übernehmen wir ganz analog.

Wir beschränken uns zunächst auf den Fall zweidimensionaler Zufallsvariablen, also $n = 2$; im allgemeinen Fall verlaufen die Betrachtungen entsprechend.

Weitere Beispiele für zweidimensionale Zufallsvariablen:

Gewicht und Körpergröße von Personen;
Geschwindigkeit und Bremsweg bei Automobilen.

4.1.2. Wir erklären: Seien x_1 und $x_2 \in \mathbb{R}$ beliebig. Wir nennen $F(x_1, x_2) = P(X_1 \leqslant x_1; X_2 \leqslant x_2)$ *Verteilungsfunktion der zweidimensionalen Zufallsvariablen* $\mathfrak{X} = (X_1, X_2)$.[2])

Die Verteilungsfunktion ist also hier eine Funktion von zwei Variablen. Wir schreiben auch $F(x_1, x_2) = F(\mathfrak{x}) = P(\mathfrak{X} \leqslant \mathfrak{x})$.[3])

Für beliebiges n lautet die Verteilungsfunktion

$$F(\mathfrak{x}) = F(x_1, \ldots, x_n) = P(X_1 \leqslant x_1; \ldots; X_n \leqslant x_n) = P(X_i \leqslant x_i$$
$$(i = 1, \ldots, n)).$$

Wir notieren für die Verteilungsfunktion von zweidimensionalen Zufallsvariablen noch die Eigenschaften

$F(x_1, x_2)$ ist in beiden Variablen x_1 und x_2 eine nicht fallende Funktion, d. h. $F(x_1, x_2) \leqslant F(x_1 + \Delta x_1, x_2)$ für $\Delta x_1 > 0$ und $F(x_1, x_2) \leqslant F(x_1, x_2 + \Delta x_2)$ für $\Delta x_2 > 0$ sowie

$$\lim_{x_1 \to -\infty} F(x_1, x_2) = \lim_{x_2 \to -\infty} F(x_1, x_2) = 0 \text{ und } \lim_{\substack{x_1 \to \infty \\ x_2 \to \infty}} F(x_1, x_2) = 1.$$

---

[2]) Genauer kann man schreiben $F(x_1, x_2) = P(\{\omega \mid X_1(\omega) \leqslant x_1$ und $X_2(\omega) \leqslant x_2\})$ $(\omega \in \Omega)$. – Bisweilen wird $F(x_1, x_2)$ auch *gemeinsame Verteilungsfunktion* der Zufallsvariablen X_1 und X_2 genannt.

[3]) Ein Vektor $\mathfrak{y} = (y_1, \ldots, y_n)$ heißt kleiner oder gleich dem Vektor $\mathfrak{x} = (x_1, \ldots, x_n)$, wenn gilt $y_i \leqslant x_i$ für alle Indizes $i = 1, \ldots, n$.

Für eine zweidimensionale Zufallsvariable $\mathfrak{X} = (X_1, X_2)$ gilt weiter der

Satz 1: $P(a_1 < X_1 \leqslant b_1;\ a_2 < X_2 \leqslant b_2) = F(b_1, b_2) - F(a_1, b_2) -$
$$- F(b_1, a_2) + F(a_1, a_2) \quad (a_1 \leqslant b_1;\ a_2 \leqslant b_2).$$

Beweis: Unter Benutzung der Unvereinbarkeit der Ereignisse erhalten wir

$$F(b_1, b_2) - F(a_1, b_2) = P(X_1 \leqslant b_1;\ X_2 \leqslant b_2) - P(X_1 \leqslant a_1;$$
$$X_2 \leqslant b_2) = P(a_1 < X_1 \leqslant b_1;\ X_2 \leqslant b_2);$$

$$F(b_1, a_2) - F(a_1, a_2) = P(X_1 \leqslant b_1;\ X_2 \leqslant a_2) - P(X_1 \leqslant a_1;$$
$$X_2 \leqslant a_2) = P(a_1 < X_1 \leqslant b_1;\ X_2 \leqslant a_2);$$

$$\Rightarrow F(b_1, b_2) - F(a_1, b_2) - [F(b_1, a_2) - F(a_1, a_2)] =$$
$$= P(a_1 < X_1 \leqslant b_1;\ a_2 < X_2 \leqslant b_2).$$

Eine geometrische Veranschaulichung des Beweises gibt Fig. 1.

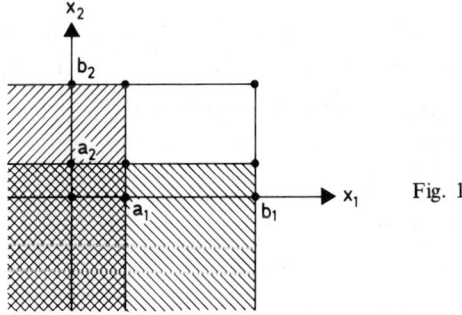

Fig. 1

Ebenso wie in § 2.3. unterscheidet man *diskrete* und *stetige Zufallsvariablen* und *Verteilungen*.

Von einer *diskreten* zwei- oder mehrdimensionalen Zufallsvariablen spricht man dann, wenn die zugehörige Verteilungsfunktion für jede einzelne Variable X_j (siehe hierzu § 4.2. Randverteilungen) eine Treppenfunktion ist (Fig. 2). Falls die Verteilungsfunktion für jede

Variable X_j eine stetige Funktion ist, heißt die Zufallsvariable *stetig*. Mischformen von Zufallsvariablen, die zum Teil diskret und zum Teil stetig sind, wollen wir nicht betrachten.

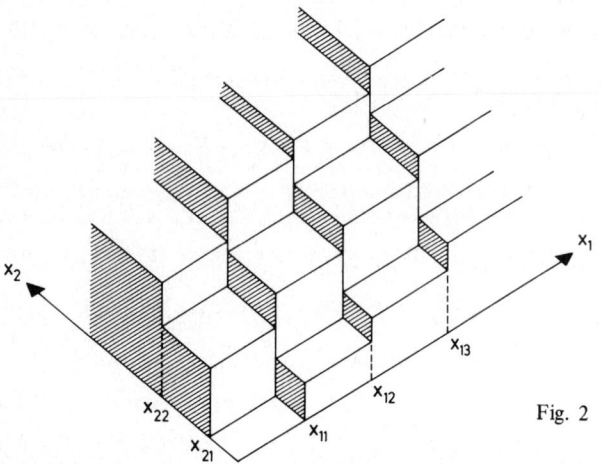

Fig. 2

4.1.3. *Diskrete mehrdimensionale Verteilungen.* Sei $\mathfrak{X} = (X_1, X_2)$ eine diskrete zweidimensionale Zufallsvariable. Dann müssen X_1 und X_2 diskrete (eindimensionale) Zufallsvariablen sein. X_1 kann also nur die diskreten Werte $x_{11}, x_{12}, x_{13}, \ldots, x_{1i}, \ldots$ und X_2 kann nur die diskreten Werte $x_{21}, x_{22}, x_{23}, \ldots, x_{2j}, \ldots$ annehmen. $\mathfrak{X}$ kann damit nur die diskreten Vektoren $(x_{1i}, x_{2j}) = \mathfrak{x}_{ij}$ annehmen, wobei i und j unabhängig voneinander die Zahlen $1, 2, \ldots$ durchlaufen.

Wir bezeichnen

$$P(\mathfrak{X} = \mathfrak{x}_{ij}) = P(X_1 = x_{1i}, X_2 = x_{2j}) = p_{ij}$$

als *Wahrscheinlichkeitsfunktion* von $\mathfrak{X}$; diese Funktion ist nur für die diskreten Werte $\mathfrak{x}_{ij}$ $(i, j = 1, 2, \ldots)$ definiert.

Natürlich gilt dann

$$\sum_{i=1,\ldots} \ \sum_{j=1,\ldots} p_{ij} = 1$$

und für die Verteilungsfunktion

$$F(\mathfrak{x}) = F(x_1, x_2) = \sum_{i,j} p_{ij},$$

wobei der Summationsindex i alle Zahlen $1, 2, \ldots$ zu durchlaufen hat, für welche $x_{1i} \leqslant x_1$ ist, und j alle Zahlen $1, 2, \ldots$, für welche $x_{2j} \leqslant x_2$ ist.[4])

Die Definition für n-dimensionale Zufallsvariablen lautet analog.

Beispiel: Wir betrachten die Zufallserscheinung, daß ein schwarzer und ein roter Würfel gleichzeitig geworfen werden. Der Ereignisraum Ω besteht hier aus allen Elementen

ω_{ij} = Ereignis, mit dem schwarzen Würfel die Augenzahl i und mit dem roten Würfel die Augenzahl j zu werfen $(i, j \in \{1, \ldots, 6\})$.

Ω besteht also aus 36 Elementen. Für die σ-Algebra $\mathfrak{A}$ nehmen wir die Potenzmenge $\mathfrak{P}(\Omega)$, die dann auch eine endliche Menge[5]) ist. Die Wahrscheinlichkeiten $P(\omega_{ij})$ sind alle gleiche $\frac{1}{36}$. Damit ist der Wahrscheinlichkeitsraum $[\Omega, \mathfrak{A}, P]$ definiert.

Zu den Elementarereignissen $\omega_{ij} \in \Omega$ nehmen wir naheliegenderweise die 2-dimensionale Zufallsvariable

$$\mathfrak{X} = (X_1, X_2) = (i, j) \quad (i, j = 1, \ldots, 6).$$

Damit können wir auch schreiben $P(X_1 = i, X_2 = j) = p_{ij} = \frac{1}{36}$.

Die Verteilungsfunktion ist

$$F(\mathfrak{x}) = F(x_1, x_2) = \sum_{i,j} p_{ij} = \sum_{i,j} \frac{1}{36},$$

wobei die Summationsbedingung lautet $i \leqslant x_1$; $j \leqslant x_2$.

---

[4]) Also $\mathfrak{x} \leqslant \mathfrak{x}_{ij}$.
[5]) Mit 2^{36} Elementen.

Die Werte dieser Funktion gibt folgende Tabelle 1:

x_1 \ x_2	< 1	1≤...<2	2≤...<3	3≤...<4	4≤...<5	5≤...<6	≥6
< 1	0	0	0	0	0	0	0
1≤...<2	0	$\frac{1}{36}$	$\frac{2}{36}$	$\frac{3}{36}$	$\frac{4}{36}$	$\frac{5}{36}$	$\frac{6}{36}$
2≤...<3	0	$\frac{2}{36}$	$\frac{4}{36}$	$\frac{6}{36}$	$\frac{8}{36}$	$\frac{10}{36}$	$\frac{12}{36}$
3≤...<4	0	$\frac{3}{36}$	$\frac{6}{36}$	$\frac{9}{36}$	$\frac{12}{36}$	$\frac{15}{36}$	$\frac{18}{36}$
4≤...<5	0	$\frac{4}{36}$	$\frac{8}{36}$	$\frac{12}{36}$	$\frac{16}{36}$	$\frac{20}{36}$	$\frac{24}{36}$
5≤...<6	0	$\frac{5}{36}$	$\frac{10}{36}$	$\frac{15}{36}$	$\frac{20}{36}$	$\frac{25}{36}$	$\frac{30}{36}$
≥6	0	$\frac{6}{36}$	$\frac{12}{36}$	$\frac{18}{36}$	$\frac{24}{36}$	$\frac{30}{36}$	$\frac{36}{36}$

Tab. 1

4.1.4. Die Ausdrücke

$$(1) \qquad \frac{n^*!}{k_1! \, k_2! \ldots k_n!} \, p_1^{k_1} p_2^{k_2} \ldots p_n^{k_n} \quad (p_1 + p_2 + \ldots + p_n = 1;$$
$$k_1 + k_2 + \ldots + k_n = n^*)$$

können als Wahrscheinlichkeiten einer n-dimensionalen Zufallsvariablen $\mathfrak{X} = (X_1 = k_1, X_2 = k_2, \ldots, X_n = k_n)$ aufgefaßt werden. Die zugehörige Verteilung heißt *Multinomialverteilung*. Für $n = 2$ erhält man aus (1) die Binomialverteilung.

(1) ist die Wahrscheinlichkeit, daß bei n^* Beobachtungen einer Zufallserscheinung, bei der die Ereignisse unabhängig sind, das Ereignis A_1 genau k_1-mal, das Ereignis A_2 genau k_2-mal, ..., das Ereignis A_n genau k_n-mal eintritt, wenn bei jeder Beobachtung genau eines der Ereignisse $A_1, A_2, \ldots, A_n$ eintritt und $P(A_1) = p_1$, $P(A_2) = p_2, \ldots, P(A_n) = p_n$ ist.

4.1.5. *Stetige mehrdimensionale Verteilungen.* Sei nun $\mathfrak{X} = (X_1, X_2)$ eine stetige zweidimensionale Zufallsvariable. Dann sind X_1 und

X_2 stetige (eindimensionale) Zufallsvariablen. Entsprechend wie in § 2.3. geben wir die

Definition: *Sei die Verteilungsfunktion* $F(\mathfrak{x}) = F(x_1, x_2)$ *stetig. Wenn* $F(\mathfrak{x})$ *für alle* $x_1, x_2 \in \mathbb{R}$ *sich darstellen läßt als zweifaches uneigentliches Integral*

$$(2) \quad F(\mathfrak{x}) = F(x_1, x_2) = \int\limits_{-\infty}^{x_1} \int\limits_{-\infty}^{x_2} f(t_1, t_2)\, dt_2\, dt_1 \, {}^6)$$

mit einer Funktion $f(x_1, x_2) = f(\mathfrak{x}) \geqslant 0$, *dann heißt* $f(\mathfrak{x}) = f(x_1, x_2)$ *Dichtefunktion zur Verteilungsfunktion* $F(x_1, x_2)$ *oder zur Verteilung von* $\mathfrak{X} = (X_1, X_2)$.

Entsprechend wie man die Verteilungsfunktion $F(x)$ einer stetigen eindimensionalen Zufallsvariablen X als Fläche von $-\infty$ bis x unter der Kurve der Dichtefunktion $f(x)$ interpretieren kann, läßt sich die

Verteilungsfunktion $F(x_1, x_2) = \int\limits_{-\infty}^{x_1} \int\limits_{-\infty}^{x_2} f(t_1, t_2)\, dt_2\, dt_1$ einer steti-

gen zweidimensionalen Zufallsvariablen $\mathfrak{X} = (X_1, X_2)$ als Rauminhalt unter der Fläche der Dichtefunktion $f(x_1, x_2)$ darstellen.

Durch Differentiation des Doppelintegrals in (2) nach den oberen Integrationsgrenzen erhält man

$$\frac{\partial^2 F(x_1, x_2)}{\partial x_1\, \partial x_2} = f(x_1, x_2) \, {}^7).$$

Weiter gilt

$$(3) \quad \int\limits_{-\infty}^{+\infty} \int\limits_{-\infty}^{+\infty} f(x_1, x_2)\, dx_2\, dx_1 = 1,$$

---

[6]) Wir bezeichnen die Integrationsveränderlichen mit t_1 und t_2, da x_1 und x_2 schon zur Bezeichnung der oberen Integrationsgrenzen verwandt wurden.
[7]) An allen Stellen (x_1, x_2), an denen der Integrand, also die Dichtefunktion stetig ist.

und wir können die Wahrscheinlichkeit $P(a_1 < X_1 \leqslant b_1;\ a_2 < X_2 \leqslant b_2)$ schreiben als

$$P(a_1 < X_1 \leqslant b_1;\ a_2 < X_2 \leqslant b_2) = \int_{a_1}^{b_1} \int_{a_2}^{b_2} f(x_1, x_2)\, dx_2\, dx_1.\,[8]$$

4.1.6. Läßt sich im n-dimensionalen Fall $F(\mathfrak{x})$ darstellen als

$$F(\mathfrak{x}) = \int_{-\infty}^{x_1} \dots \int_{-\infty}^{x_n} f(t_1, \dots, t_n)\, dt_n \dots dt_1$$

(mit analogen Voraussetzungen wie im zweidimensionalen Fall), so heißt $f(x_1, \dots, x_n) = f(\mathfrak{x})$ *Dichtefunktion* zur Verteilungsfunktion $F(\mathfrak{x})$ oder zur Verteilung der Zufallsvariablen $\mathfrak{X} = (X_1, \dots, X_n)$. Damit wird

$$(4) \quad \int_{-\infty}^{+\infty} \dots \int_{-\infty}^{+\infty} f(x_1, \dots, x_n)\, dx_n \dots dx_1 = 1$$

und

$$P(a_i < X_i \leqslant b_i\ (i = 1, \dots, n)) = \int_{a_1}^{b_1} \dots \int_{a_n}^{b_n} f(x_1, \dots, x_n)\, dx_n \dots dx_1$$

(3) bzw. (4) ist die charakteristische Eigenschaft für eine Dichtefunktion.

4.1.7. Für die Anwendungen von Bedeutung ist die Dichtefunktion

$$f(x_1, x_2) = \frac{1}{2\pi\sigma_1\sigma_2\sqrt{1 - \rho^2}}$$

$$\exp\left\{ -\frac{1}{2(1-\rho^2)} \left[\left(\frac{x_1 - \mu_1}{\sigma_1}\right)^2 - 2\rho\left(\frac{x_1 - \mu_1}{\sigma_1}\right)\left(\frac{x_2 - \mu_2}{\sigma_2}\right) + \right. \right.$$

$$\left. \left. + \left(\frac{x_2 - \mu_2}{\sigma_2}\right)^2 \right] \right\};$$

---

[8]) Ebenso wie in § 2.3. dürfen <-Zeichen durch $\leqslant$ und $\leqslant$ durch $<$ ersetzt werden.

dabei ist σ_1, $\sigma_2 > 0$ und $\rho^2 < 1$. Man muß dann noch nachweisen, daß die charakteristische Eigenschaft einer Dichtefunktion erfüllt ist. Die zugehörige Verteilung heißt *zweidimensionale Normalverteilung*.

§ 4.2. Randverteilungen

4.2.1. Auch in diesem Paragraphen beschränken wir uns fast ausschließlich auf den Fall zweidimensionaler Zufallsvariablen; sei also $\mathfrak{X} = (X_1, X_2)$.

A. Zuerst betrachten wir den Fall, daß $\mathfrak{X}$ diskrete Zufallsvariable ist. Nach der in § 4.1. eingeführten Bezeichnungsweise schreiben wir

$$P(X_1 = x_{1i}, \quad X_2 = x_{2j}) = p_{ij}.$$

Wenn wir nun für ein festes $j \in \mathbb{N}$ die Summe

$$(1) \quad \sum_{i=1,2,\ldots} p_{ij} = P(X_1 = x_{11}, X_2 = x_{2j}) + P(X_1 = x_{12}, X_2 = x_{2j}) +$$
$$+ P(X_1 = x_{13}, X_2 = x_{2j}) + \ldots$$

bilden, dann bedeutet (1) die Wahrscheinlichkeit dafür, daß $X_2 = x_{2j}$ konstant ist und X_1 irgendeinen der möglichen Werte x_{1i} ($i = 1, 2, \ldots$) annimmt. Statt (1) können wir auch schreiben

$$P(\ -\infty < X_1 < \infty; \quad X_2 = x_{2j});$$

diese Wahrscheinlichkeit ist nur abhängig von $x_{2j} \in \{x_{21}, x_{22}, \ldots\}$. Offensichtlich gilt

$$\sum_{j=1,2,\ldots} P(-\infty < X_1 < \infty; \quad X_2 = x_{2j}) = 1.$$

Damit erhalten wir eine eindimensionale Wahrscheinlichkeitsverteilung, die *Randverteilung der Zufallsvariablen X_2* bezüglich der zweidimensionalen Verteilung heißt.

Die Randverteilung von X_2 bedeutet also m.a.W. die Verteilung von X_2 unabhängig von dem jeweils von X_1 angenommenen Wert.

Die zu dieser Verteilung gehörige Verteilungsfunktion lautet

$$F(\infty, x_2) = P(X_1 < \infty;\; X_2 \leqslant x_2) = \sum_i \sum_j p_{ij},$$

wobei über alle Indizes $i = 1, 2, \ldots$ und alle Indizes j zu summieren ist, für die $x_{2j} \leqslant x_2$ ist ($x_2 \in \mathbb{R}$ beliebig). Wir schreiben dann statt $F(\infty, x_2)$ kurz $F_2(x_2)$.

Ebenso können wir statt (1) für ein festes $i \in \mathbb{N}$ die Summe

$$(2)\quad \sum_{j=1,2,\ldots} p_{ij} = P(X_1 = x_{1i};\; X_2 = x_{21}) + P(X_1 = x_{1i};$$

$$X_2 = x_{22}) + P(X_1 = x_{1i};\; X_2 = x_{23}) + \ldots =$$

$$= P(X_1 = x_{1i};\; -\infty < X_2 < \infty)$$

betrachten. Entsprechend wie oben erhalten wir die *Randverteilung von X_1* bezüglich der zweidimensionalen Verteilung mit der Verteilungsfunktion

$$F_1(x_1) = F(x_1, \infty) = P(X_1 \leqslant x_1;\; X_2 < \infty)\quad (x_1 \in \mathbb{R} \text{ beliebig}).$$

Die Bezeichnung „Randverteilung" wird durch folgendes Beispiel deutlich:

Wir kommen zurück auf die in § 4.1. schon betrachtete Zufallserscheinung, wo ein schwarzer und ein roter Würfel gleichzeitig geworfen werden. Aus der Tabelle 1 in § 4.1. erhalten wir für die Verteilungsfunktion $F_1(x_1)$ die folgende Wertetafel:

x_1	< 1	1 ⩽ ... < 2	2 ⩽ ... < 3	3 ⩽ ... < 4	4 ⩽ ... < 5	5 ⩽ ... < 6	⩾ 6
$F_1(x_1)$	0	$\frac{6}{36}$	$\frac{12}{36}$	$\frac{18}{36}$	$\frac{24}{36}$	$\frac{30}{36}$	1

Tab. 1

Ebenso sieht dann auch die Tabelle für $F_2(x_2)$ aus.

Vergleicht man diese Tabelle mit der in § 4.1., so sieht man, daß die Funktionswerte von $F_1(x_1)$ und $F_2(x_2)$ am rechten und am unteren Rand der Tabelle in § 4.1. vorkommen.

4.2.2. B. Nun nehmen wir $\mathfrak{X}$ als stetige Zufallsvariable an, ihre Dichtefunktion sei $f(x_1, x_2)$. Dann bilden wir analog zu (1)

$$\int_{-\infty}^{+\infty} f(x_1, x_2)\,dx_1 = f_2(x_2),$$

und es gilt

$$\int_{-\infty}^{+\infty} f_2(x_2)\,dx_2 = \int_{-\infty}^{+\infty}\int_{-\infty}^{+\infty} f(x_1, x_2)\,dx_1\,dx_2 = 1.$$

Damit können wir $f_2(x_2)$ als Dichtefunktion einer eindimensionalen Wahrscheinlichkeitsverteilung auffassen, die *Randverteilung von* X_2 bezüglich der zweidimensionalen Verteilung heißt. Die zugehörige Verteilungsfunktion erhalten wir durch

$$F_2(x_2) = F(\infty, x_2) = P(X_1 < \infty;\ X_2 \leqslant x_2) = \int_{-\infty}^{x_2} f_2(t_2)\,dt_2 =$$

$$= \int_{-\infty}^{x_2}\int_{-\infty}^{+\infty} f(x_1, t_2)\,dx_1\,dt_2 \quad (x_2 \in \mathbb{R} \quad \text{beliebig}).$$

Daraus folgt $\dfrac{dF_2(x_2)}{dx_2} = f_2(x_2)$ für alle $x_2 \in \mathbb{R}$, für die $f_2(x_2)$ stetig ist.

Entsprechende Formeln gelten für die *Randverteilung von* X_1.

4.2.3. Der Begriff Randverteilung läßt sich auch bei *n*-dimensionalen Zufallsvariablen einführen.

Zu $\mathfrak{X} = (X_1, \ldots, X_n)$ mit der Verteilungsfunktion $F(x_1, \ldots, x_n)$ gehören genau n eindimensionale Randverteilungen mit den Verteilungsfunktionen

$$F_1(x_1) = F(x_1, \infty, \ldots, \infty), \ldots, F_n(x_n) = F(\infty, \ldots, \infty, x_n);$$

wir gehen darauf weiter nicht ein.

§ 4.3. Unabhängige Zufallsvariablen

4.3.1. Wir haben früher in § 1.17. schon den Begriff „unabhängige Ereignisse" eingeführt. Nun wollen wir die Unabhängigkeit von Zufallsvariablen erklären und einen Zusammenhang mit der früheren Definition der Unabhängigkeit in § 1.17. suchen.

Wir betrachten zunächst eine zweidimensionale Zufallsvariable $\mathfrak{X} = (X_1, X_2)$; es sei $F(x_1, x_2)$ ihre Verteilungsfunktion und $F_1(x_1)$ und $F_2(x_2)$ die Verteilungsfunktionen der Randverteilungen von X_1 bzw. X_2. Wir

definieren dann: *Die Zufallsvariablen X_1 und $X_2 ((X_1, X_2) = \mathfrak{X})$ heißen unabhängig, wenn gilt*

$$F(x_1, x_2) = F_1(x_1) \, F_2(x_2) \text{ für alle } x_1, x_2 \in \mathbb{R} \, .$$

Andernfalls heißen X_1 und X_2 *abhängig.*

Wir beweisen den

Satz 1: *Zwei Zufallsvariablen X_1 und X_2 $((X_1, X_2) = \mathfrak{X})$[9] sind genau dann unabhängig, wenn für jedes Paar von Ereignissen der Art*

$$A_1 = \{a_1 < X_1 \leqslant b_1\} \text{ und } A_2 = \{a_2 < X_2 \leqslant b_2\} \, (a_1, b_1, a_2, b_2 \in \mathbb{R}$$
$$\text{beliebig})$$

---

[9]) Wenn wir in Zukunft von mehreren Zufallsvariablen $X_1, X_2, \ldots, X_n$ sprechen, können wir diese als Elemente eines Vektors $\mathfrak{X} = (X_1, X_2, \ldots, X_n)$ auffassen.

gilt

(1) $P(a_1 < X_1 \leqslant b_1; a_2 < X_2 \leqslant b_2) = P(a_1 < X_1 \leqslant b_1) \cdot P(a_2 < X_2 \leqslant b_2).$

Bemerkung: Die rechte Seite von (1) können wir auch schreiben als $P(A_1) P(A_2)$ und die linke Seite als $P(A_1 \cap A_2)$, d. h. die Zufallsvariablen X_1 und X_2 sind genau dann unabhängig, wenn die Ereignisse A_1 und A_2 unabhängig sind.

Beweis von Satz 1: a) Seien die Zufallsvariablen X_1 und X_2 unabhängig. Es ist

$$P(a_1 < X_1 \leqslant b_1) P(a_2 < X_2 \leqslant b_2) = [F_1(b_1) - F_1(a_1)] \cdot$$

$$\cdot [F_2(b_2) - F_2(a_2)] =$$

$$= F_1(b_1) F_2(b_2) - F_1(b_1) F_2(a_2) - F_1(a_1) F_2(b_2) + F_1(a_1) F_2(a_2) =$$

(wegen der Unabhängigkeit)

$$= F(b_1, b_2) - F(b_1, a_2) - F(a_1, b_2) + F(a_1, a_2) =$$

(nach Satz 1 in § 4.1.)

$$= P(a_1 < X_1 \leqslant b_1; a_2 < X_2 \leqslant b_2).$$

b) Wenn $P(a_1 < X_1 \leqslant b_1; a_2 < X_2 \leqslant b_2) = P(a_1 < X_1 \leqslant b_1) P(a_2 < X_2 \leqslant b_2)$ gilt, dann lassen wir $a_1 \to -\infty$ und $a_2 \to -\infty$ gehen;

$$\Rightarrow P(X_1 \leqslant b_1; X_2 \leqslant b_2) = P(X_1 \leqslant b_1) P(X_2 \leqslant b_2);$$

also

$$F(b_1, b_2) = F_1(b_1) F_2(b_2) \text{ für alle } b_1, b_2 \in \mathbb{R}.$$

Demnach sind X_1 und X_2 nach Definition unabhängig

Ist $\mathfrak{X} = (X_1, X_2)$ stetige zweidimensionale Zufallsvariable, so kann man die Unabhängigkeit von X_1 und X_2 mit folgendem Satz feststellen:

Satz 2: *Sei* $\mathfrak{X} = (X_1, X_2)$ *stetige Zufallsvariable mit der Dichtefunktion* $f(x_1, x_2)$, *die für alle* $x_1, x_2 \in \mathbb{R}$ *stetig ist; seien weiter* $f_1(x_1)$ *bzw.* $f_2(x_2)$ *die Dichtefunktionen der betreffenden Randverteilungen.*

Dann sind X_1 und X_2 genau dann unabhängig, wenn gilt

(2) $f(x_1, x_2) = f_1(x_1)\, f_2(x_2)$ *für alle* $x_1, x_2 \in \mathbb{R}$.

Bemerkung: Nach § 4.1. können wir die linke Seite von (2) auch schreiben als $\dfrac{\partial^2 F(x_1,\ x_2)}{\partial x_1 \partial x_2}$, und rechts kann man benutzen

$$\frac{dF_1(x_1)}{dx_1} = f_1(x_1) \text{ und } \frac{dF_2(x_2)}{dx_2} = f_2(x_2).$$

Beweis von Satz 2: a) Seien X_1 und X_2 unabhängig. Dann ist

$$F(x_1,\ x_2) = F_1(x_1)\, F_2(x_2),$$

und durch Differentiation folgt links

$$\frac{\partial^2 F}{\partial x_1 \partial x_2} = \frac{\partial^2}{\partial x_1 \partial x_2} \int_{-\infty}^{x_1} \int_{-\infty}^{x_2} f(t_1,\ t_2)\, dt_2 dt_1 = f(x_1,\ x_2)$$

und rechts

$$\frac{\partial^2}{\partial x_1 \partial x_2} F_1(x_1)\, F_2(x_2) = f_1(x_1)\, f_2(x_2).$$

b) Gilt nun (2), dann erhält man durch Integration aus (2)

$$\int_{-\infty}^{x_1} \int_{-\infty}^{x_2} f(t_1,\ t_2)\, dt_2 dt_1 = \int_{-\infty}^{x_1} \int_{-\infty}^{x_2} f_1(t_1)\, f_2(t_2)\, dt_2 dt_1 =$$

$$= \left(\int_{-\infty}^{x_1} f_1(t_1)\, dt_1 \right) \left(\int_{-\infty}^{x_2} f_2(t_2)\, dt_2 \right),$$

also

$$F(x_1,\ x_2) = F_1(x_1)\, F_2(x_2),$$

d. h. X_1 und X_2 sind unabhängig.

4.3.2. Als Verallgemeinerung definiert man die Unabhängigkeit für n-dimensionale Zufallsvariablen $\mathfrak{X} = (X_1, \ldots, X_n)$: Seien $F(x_1, \ldots, x_n)$ die Verteilungsfunktion von $\mathfrak{X}$ und $F_1(x_1), \ldots, F_n(x_n)$ die Verteilungsfunktionen der Randverteilungen von X_1 bzw. ... bzw. X_n.

Dann heißen die Zufallsvariablen $X_1, \ldots, X_n$ *unabhängig*, wenn

$$F(x_1, \ldots, x_n) = F_1(x_1) \ldots F_n(x_n)$$

gilt für alle $x_1, \ldots, x_n \in \mathbb{R}$. Andernfalls sind die $X_1, \ldots, X_n$ *abhängig*.

Das Analogon zu Formel (2) in Satz 2 lautet nun

$$f(x_1, \ldots, x_n) = f_1(x_1) \ldots f_n(x_n).$$

Bei der *paarweisen Unabhängigkeit* sind je zwei der Zufallsvariablen $X_1, \ldots, X_n$ unabhängig.

§ 4.4. Funktionen von mehreren Zufallsvariablen

4.4.1. Funktionen $Y = \varphi(X)$ einer Zufallsvariablen X haben wir in § 2.4., § 2.6. und § 3.7. schon betrachtet. Wir führen jetzt Funktionen von mehreren Zufallsvariablen $X_1, \ldots, X_n$ ein; dabei beschränken wir uns zunächst auf den Fall $n = 2$. Die beiden Zufallsvariablen X_1 und X_2 können wir auch als Zufallsvektor $\mathfrak{X} = (X_1, X_2)$ auffassen.

Sei $\varphi(x_1, x_2) = \varphi(\mathfrak{x})$ eine in $\mathbb{R}^2$ definierte, reellwertige, stetige Funktion. Dann ist

$$Y = \varphi(X_1, X_2) = \varphi(\mathfrak{X})$$

eine eindimensionale Zufallsvariable, und wir können danach fragen, wie die Verteilungsfunktion und evtl. Dichtefunktion der Zufallsvariablen Y mit den Verteilungsfunktionen bzw. Dichtefunktionen von X_1 und X_2 zusammenhängt.

Wichtig werden die Fälle sein, wo $\varphi(X_1, X_2) = X_1 + X_2$ bzw. $\varphi(X_1, X_2) = X_1 X_2$ ist.

A. Seien X_1 und X_2 diskrete Zufallsvariablen, also $\mathfrak{X} = (X_1, X_2)$ diskrete zweidimensionale Zufallsvariable; es sei mit der Bezeichnungs-

weise aus § 4.1. die Wahrscheinlichkeit $P(X_1 = x_{1i}; X_2 = x_{2i}) = p_{ij}$. Da
ist die Verteilungsfunktion von $Y = \varphi(X_1, X_2)$

(1) $F(y) = P(Y \leqslant y) = \sum_{i,j} p_{ij}$,

wobei die Doppelsumme über alle die Indizes i und j zu erstrecken
ist, für die $\varphi(x_{1i}, x_{2j}) \leqslant y$ ist.

B. Für stetige Zufallsvariablen X_1 und X_2, also stetiges $\mathfrak{X} = (X_1, X_2)$
mit der Dichtefunktion $f(x_1, x_2)$ hat man entsprechend zu (1)

(2) $F(y) = P(Y \leqslant y) = \int \int f(x_1, x_2) dx_1 dx_2$,

wobei nun das Doppelintegral durch die Integrationsbedingung
$\varphi(x_1, x_2) \leqslant y$ bestimmt wird.

Entsprechend geht man im n-dimensionalen Fall mit einer n-dimen-
sionalen Zufallsvariablen $\mathfrak{X} = (X_1, \ldots, X_n)$ vor; sei $\varphi(x_1, \ldots, x_n) = \varphi($
eine in $\mathbb{R}^n$ definierte reellwertige stetige Funktion. Dann ist

$Y = \varphi(X_1, \ldots, X_n) = \varphi(\mathfrak{X})$

eine eindimensionale Zufallsvariable.

4.4.2. *Beispiel:* Für die Zufallserscheinung, wo ein schwarzer und
ein roter Würfel gleichzeitig geworfen werden, haben wir in § 4.1.
die 2-dimensionale Zufallsvariable $\mathfrak{X} = (X_1, X_2) = (i, j)$ $(i, j = 1, \ldots, 6)$
eingeführt. Die neue Zufallsvariable $Y = \varphi(X_1, X_2) = X_1 + X_2$ kann
dann die Werte $y = 2, 3, \ldots, 12$ annehmen; die zugehörigen Wahrscheinlichkeiten ergeben sich aus der folgenden Tabelle 1:

y	2	3	4	5	6	7	8	9	10	11	12
$P(Y = y)$	$\frac{1}{36}$	$\frac{2}{36}$	$\frac{3}{36}$	$\frac{4}{36}$	$\frac{5}{36}$	$\frac{6}{36}$	$\frac{5}{36}$	$\frac{4}{36}$	$\frac{3}{36}$	$\frac{2}{36}$	$\frac{1}{36}$

Tab. 1

Es ist also

$$P(Y = y) = \sum_{i+j=y} p_{ij} \quad (y \in \{2, \ldots, 12\})$$

mit $p_{ij} = \dfrac{1}{36}$. Man prüft sofort nach $\displaystyle\sum_{y=2}^{12} P(Y=y) = \sum_{i,j=1}^{6} p_{ij} = 1$.

4.4.3. Wir betrachten nun $Y = \varphi(X_1, X_2) = X_1 + X_2$ für den Fall, daß X_1 und X_2 stetige (eindimensionale) Zufallsvariablen sind, und wollen die Verteilungsfunktion $F(y)$ von Y bestimmen. Es gilt der

Satz 1: *Wenn X_1 und X_2 stetige unabhängige Zufallsvariablen sind, ist die Verteilungsfunktion $F(y)$ von $Y = X_1 + X_2$*

$$F(y) = \int_{-\infty}^{+\infty} f_2(x_2) \left[\int_{-\infty}^{y-x_2} f_1(x_1)\,dx_1 \right] dx_2 =$$

$$= \int_{-\infty}^{+\infty} f_2(x_2)\, F_1(y - x_2)\,dx_2.$$

Beweis: $Y = X_1 + X_2$ hat nach (2) die Verteilungsfunktion

$$F(y) = \iint\limits_{x_1+x_2 \leqslant y} f(x_1, x_2)\,dx_1\,dx_2 =$$

$$= \iint\limits_{x_1+x_2 \leqslant y} f_1(x_1)\,f_2(x_2)\,dx_2\,dx_1;$$

dabei ist wegen der Unabhängigkeit der Zufallsvariablen nach Satz 2 in § 4.3.

$$f(x_1, x_2) = f_1(x_1)\,f_2(x_2).$$

Der Integrationsbereich $x_1 + x_2 \leqslant y$ ist in Fig. 1 dargestellt.

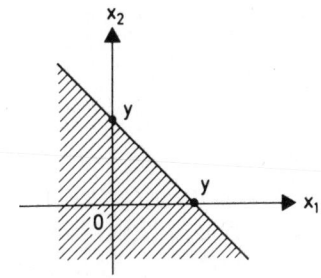

Fig. 1

Weiter entsteht dann

$$F(y) = \iint\limits_{x_1 \leqslant y - x_2} f_1(x_1) f_2(x_2) dx_2 dx_1$$

und durch Umformung des Integrals und unter Berücksichtigung des Integrationsbereichs der Integrationsveränderlichen x_1 und x_2 (vgl. Fig. 1)

$$F(y) = \int\limits_{-\infty}^{+\infty} f_2(x_2) \left[\int\limits_{-\infty}^{y - x_2} f_1(x_1) dx_1 \right] dx_2.$$

Weiter gilt der

Satz 2: *Seien X_1 und X_2 stetige unabhängige Zufallsvariablen. Ist die Dichtefunktion $f_1(x_1)$ stetig, so ist die Dichtefunktion $f(y)$ von $Y = X_1 + X_2$*

$$f(y) = \int\limits_{-\infty}^{+\infty} f_1(y - x_2) f_2(x_2) dx_2.$$

Beweis:

$$f(y) = \frac{dF(y)}{dy} = \int\limits_{-\infty}^{+\infty} f_2(x_2) \left[\frac{d}{dy} \int\limits_{-\infty}^{y - x_2} f_1(x_1) dx_1 \right] dx_2 =$$

$$= \int\limits_{-\infty}^{+\infty} f_2(x_2) \left[f_1(y - x_2) \right] dx_2$$

(wobei wir die Differentiation unter dem Integral ausgeführt haben)[10]).

Bemerkung: Entsprechend zu den Sätzen 1 und 2 gilt auch

$$F(y) = \int\limits_{-\infty}^{+\infty} f_1(x_1) \left[\int\limits_{-\infty}^{y - x_1} f_2(x_2) dx_2 \right] dx_1 =$$

---

[10]) Wir benutzen zur Differentiation in der eckigen Klammer die Ketten-regel: $\dfrac{d}{dy} = \dfrac{d}{d(y - x_2)} \cdot \dfrac{d(y - x_2)}{dy} = \dfrac{d}{d(y - x_2)} \cdot 1.$

$$= \int\limits_{-\infty}^{+\infty} f_1(x_1)\, F_2(y - x_1)\, dx_1$$

und

$$f(y) = \int\limits_{-\infty}^{+\infty} f_2(y - x_1)\, f_1(x_1)\, dx_1.$$

Man sagt dann auch, $f(y)$ gehe durch *Faltung* aus den Funktionen $f_1(x_1)$ und $f_2(x_2)$ hervor.

§ 4.5. Erwartungswerte bei mehrdimensionalen Zufallsvariablen

4.5.1. Erwartungswerte für eindimensionale Zufallsvariablen X haben wir in § 2.4. schon betrachtet. Wir verallgemeinern hier den Begriff des Erwartungswerts auf n-dimensionale Zufallsvariablen; dabei beschränken wir uns zunächst wieder auf den Spezialfall $n = 2$.

Sei also $\mathfrak{X} = (X_1, X_2)$ eine zweidimensionale Zufallsvariable und $Y = \varphi(X_1, X_2)$ eine stetige Funktion von X_1 und X_2, so daß Y als eindimensionale Zufallsvariable aufgefaßt werden kann.

A. Wir nehmen zunächst an, daß $\mathfrak{X}$ diskret ist; in der früher eingeführten Bezeichnung bedeutet

$$p_{ij} = P(\mathfrak{X} = \mathfrak{x}_{ij}) = P(X_1 = x_{1i}; \; X_2 = x_{2j}) \quad (i, j = 1, 2, \ldots).$$

Dann definieren wir den Erwartungswert von $Y = \varphi(\mathfrak{X}) = \varphi(X_1, X_2)$ durch die Doppelsumme

$$(1) \quad E[Y] = E[\varphi(\mathfrak{X})] = E[\varphi(X_1, X_2)] = \sum_{i, j} \varphi(x_{1i}, x_{2j})\, p_{ij},$$

wobei $i = 1, 2, \ldots$ und $j = 1, 2, \ldots$ unabhängig voneinander laufen.

Bemerkung: Wenn X_1 und X_2 nur endlich viele Werte annehmen, steht in (1) eine endliche Summe, sonst ist (1) eine unendliche Reihe. Im letzteren Fall ist für die Existenz des Erwartungswerts notwendig, daß die unendliche Reihe konvergiert. Man muß sogar die *absolute Konvergenz* der unendlichen Reihe fordern, d. h. es muß sogar $\sum_{i,j} |\varphi(x_{1i}, x_{2j})| p_{ij}$ konvergieren.[11]) Dadurch ist gewährleistet, daß man die Glieder der Reihe (1) beliebig umordnen darf, ohne daß sich dabei der Wert der Reihe ändert.

B. Sei nun $\mathfrak{X} = (X_1, X_2)$ stetige Zufallsvariable mit der Dichtefunktion $f(\mathfrak{x}) = f(x_1, x_2)$. Dann ist der Erwartungswert von $Y = \varphi(\mathfrak{X}) = \varphi(X_1, X_2)$

$$E[Y] = E[\varphi(\mathfrak{X})] = E[\varphi(X_1, X_2)] = \int_{-\infty}^{+\infty} \int_{-\infty}^{+\infty} \varphi(x_1, x_2) f(x_1, x_2) dx_1 dx_2$$

falls das Doppelintegral absolut konvergiert.[11])

Ist speziell $\varphi(X_1, X_2) = X_1$, so liefert $E[\varphi(X_1, X_2)] = E[X_1]$ den Erwartungswert oder Mittelwert μ_{X_1} von X_1; ebenso erhält man für $\varphi(X_1, X_2) = X_2$ den Mittelwert μ_{X_2} von X_2.

Es gilt analog zu (1) in § 2.4. der

Satz 1: $E[a\varphi(X_1, X_2) + b\psi(X_1, X_2)] =$
$$= a E[\varphi(X_1, X_2)] + b E[\psi(X_1, X_2)].$$

Ein Beweis kann entsprechend wie in § 2.4. geführt werden.

4.5.2. Insbesondere betrachten wir nun die neue Zufallsvariable $Y = \varphi(X_1, X_2) = X_1 + X_2$. Dann folgt aus Satz 1 mit $\varphi(X_1, X_2) = X_1$ und $\psi(X_1, X_2) = X_2$ der

Satz 2: *Der Mittelwert* $\mu_{X_1 + X_2} = E[X_1 + X_2]$ *einer Summe von Zufallsvariablen* X_1 *und* X_2, *deren Mittelwerte* $\mu_{X_j} = E[X_j]$ *existieren,*

---

[11]) Andernfalls ist der Erwartungswert nicht definiert.

ist gleich der Summe dieser Mittelwerte; also

$$\mu_{X_1 + X_2} = \mu_{X_1} + \mu_{X_2} \quad oder \quad E[X_1 + X_2] = E[X_1] + E[X_2].$$

Durch vollständige Induktion folgt daraus

Satz 3 *(Additionssatz für Mittelwerte):*

$$\mu_{X_1 + \ldots + X_n} = \mu_{X_1} + \ldots + \mu_{X_n}$$

oder

$$E[X_1 + \ldots + X_n] = E[X_1] + \ldots + E[X_n],$$

falls die einzelnen Mittelwerte existieren.

Unter Benutzung von Satz 1 in § 2.6. läßt sich Satz 3 verallgemeinern auf den Fall $Y = \varphi(X_1, X_2, \ldots, X_n) = a_0 + a_1 X_1 + a_2 X_2 + \ldots + a_n X_n$:

Satz 4:
$$\mu_{a_0 + a_1 X_1 + a_2 X_2 + \ldots + a_n X_n} =$$
$$= a_0 + a_1 \mu_{X_1} + a_2 \mu_{X_2} + \ldots a_n \mu_{X_n}$$

oder

$$E[a_0 + a_1 X_1 + a_2 X_2 + \ldots + a_n X_n] =$$
$$= a_0 + a_1 E[X_1] + a_2 E[X_2] + \ldots + a_n E[X_n],$$

falls die einzelnen Mittelwerte existieren.

Mit $n = 2$ und $a_0 = 0$, $a_1 = 1$, $a_2 = -1$ folgt

Satz 5:

$$\mu_{X_1 - X_2} = \mu_{X_1} - \mu_{X_2}$$

oder

$$E[X_1 - X_2] = E[X_1] - E[X_2],$$

falls die einzelnen Mittelwerte existieren.

Satz 2 gilt also entsprechend auch für Differenzen.

Im Fall $Y = \varphi(X_1, X_2) = X_1 X_2$ gilt der

Satz 6: *Für unabhängige Zufallsvariablen X_1, X_2, deren Mittelwerte $\mu_{X_j} = E[X_j]$ existieren, ist $\mu_{X_1 X_2} = \mu_{X_1} \mu_{X_2}$ oder $E[X_1 X_2] = E[X_1] E[X_2]$.*

Beweis für den Fall, daß $\mathfrak{X} = (X_1, X_2)$ stetige Zufallsvariable ist;

$$\Rightarrow E[X_1 X_2] = \int_{-\infty}^{+\infty} \int_{-\infty}^{+\infty} x_1 x_2 \, f(x_1, x_2) \, dx_1 dx_2 =$$

$$= \int_{-\infty}^{+\infty} \int_{-\infty}^{+\infty} x_1 x_2 \, f_1(x_1) \, f_2(x_2) \, dx_1 dx_2$$

wegen der Unabhängigkeit von X_1 und X_2 und unter Benutzung von Satz 2 in § 4.3.; dabei sind $f_1(x_1)$ und $f_2(x_2)$ die Dichtefunktionen der Randverteilungen. Weiter wird

$$E[X_1 X_2] = \left(\int_{-\infty}^{+\infty} x_1 f_1(x_1) \, dx_1 \right) \left(\int_{-\infty}^{+\infty} x_2 f_2(x_2) \, dx_2 \right) = E[X_1] E[X_2].$$

(Hierbei ist die Trennung der Integrale wegen der absoluten Konvergenz erlaubt.)

Allgemein hat man den

Satz 7 *(Multiplikationssatz für Mittelwerte): Für n unabhängige Zufallsvariablen X_1, X_2, ..., X_n ist*

$$\mu_{X_1 \ldots X_n} = \mu_{X_1} \cdots \mu_{X_n} \quad oder$$
$$E[X_1 X_2 \ldots X_n] = E[X_1] E[X_2] \ldots E[X_n],$$

falls die einzelnen Mittelwerte existieren.

4.5.3. Die entsprechenden Fragen wie für die Mittelwerte legen wir uns nun für die Varianzen vor.

Seien also X_1 und X_2 zwei Zufallsvariablen, deren Varianzen $\sigma^2_{X_1}$ und $\sigma^2_{X_2}$ existieren sollen. Wir fragen, welche Beziehung zwischen der Varianz $\sigma^2_{X_1 + X_2}$ der Zufallsvariable $Y = X_1 + X_2$ und den Varianzen $\sigma^2_{X_1}$ und $\sigma^2_{X_2}$ besteht.[12])

Dazu geben wir zunächst folgende

Definition: *Die Zahl* $E[X_1 X_2] - E[X_1] E[X_2]$ *heißt Kovarianz* $\sigma_{X_1 X_2}$ *der Zufallsvariablen* X_1 *und* X_2.[13])

Man schreibt auch $\sigma_{X_1 X_2} = \mathrm{cov}\,[X_1,\ X_2]$.

Dann gilt folgender

Satz 8: $\sigma^2_{X_1 + X_2} = \sigma^2_{X_1} + \sigma^2_{X_2} + 2\sigma_{X_1 X_2}$.

Beweis: Wir benutzen den Satz 2 aus § 2.4., daß für eine beliebige Zufallsvariable Y gilt $\sigma^2 = E[Y^2] - (E[Y])^2$. Mit $Y = X_1 + X_2 \Rightarrow$

$$E[Y^2] = E[(X_1 + X_2)^2] = E[X_1^2 + 2X_1 X_2 + X_2^2] =$$
$$= E[X_1^2] + 2E[X_1 X_2] + E[X_2^2].$$

Ferner ist

$$(E[Y])^2 = (E[X_1 + X_2])^2 = (E[X_1] + E[X_2])^2 =$$
$$= (E[X_1])^2 + 2E[X_1] E[X_2] + (E[X_2])^2;$$
$$\Rightarrow \sigma_Y^2 = E[Y^2] - (E[Y])^2 = E[X_1^2] - (E[X_1])^2 + E[X_2^2] -$$
$$- (E[X_2])^2 + 2(E[X_1 X_2] - E[X_1] E[X_2]) =$$
$$= \sigma^2_{X_1} + \sigma^2_{X_2} + 2\sigma_{X_1 X_2}.$$

Folgerung aus Satz 8: Sind X_1 und X_2 *unabhängige* Zufallsvariablen, dann ist nach Satz 6 $E[X_1 X_2] = E[X_1] E[X_2]$.

Demnach ist in diesem Fall

$$\sigma_{X_1 X_2} = E[X_1 X_2] - E[X_1] E[X_2] = 0.$$

Damit erhalten wir

---

[12]) Man schreibt auch $\sigma^2 X_i = \mathrm{var}\,[X_i]$; $\sigma^2_{X_1 + X_2} = \mathrm{var}\,[X_1 + X_2]$.

[13]) Damit die Kovarianz existiert, müssen die Erwartungswerte $E[X_1 X_2]$, $E[X_1]$ und $E[X_2]$ existieren. – Die Degenerationsfälle $\sigma^2_{X_1} = 0$ oder $\sigma^2_{X_2} = 0$ schließen wir aus.

Satz 9: *Die Varianz einer Summe unabhängiger Zufallsvariablen, deren Varianzen existieren, ist gleich der Summe dieser Varianzen; also*

$$\sigma^2_{X_1 + X_2} = \sigma^2_{X_1} + \sigma^2_{X_2}.$$

Allgemein gilt

Satz 10: *(Additionssatz für Varianzen): Für unabhängige Zufallsvariablen* $X_1, X_2, \ldots, X_n$ *ist*

$$\sigma^2_{X_1 + \ldots + X_n} = \sigma^2_{X_1} + \ldots + \sigma^2_{X_n},$$

falls die einzelnen Varianzen existieren.

Unter Benutzung von Satz 1 in § 2.6. läßt sich Satz 10 verallgemeinern auf den Fall

$$Y = \varphi(X_1, X_2, \ldots, X_n) = a_0 + a_1 X_1 + a_2 X_2 + \ldots + a_n X_n:$$

Satz 11: *Für unabhängige Zufallsvariablen* $X_1, X_2, \ldots, X_n$ *ist*

$$\sigma^2_{a_0 + a_1 X_1 + a_2 X_2 + \ldots + a_n X_n} = a_1^2 \sigma^2_{X_1} + a_2^2 \sigma^2_{X_2} + \ldots + a_n^2 \sigma^2_{X_n},$$

falls die einzelnen Varianzen existieren.

Betrachtet man speziell die Zufallsvariable $Y = \dfrac{1}{n}[X_1 + X_2 + \ldots + X_n]$,

so spricht man vom arithmetischen Mittel von $X_1, X_2, \ldots, X_n$ und schreibt $\bar{X}$ statt Y. Sind die Mittelwerte μ_{X_j} dieser Zufallsvariablen alle gleich μ und die Varianzen $\sigma^2_{X_j}$ alle gleich σ^2, dann sagt Satz 4

$$(2) \quad E[\bar{X}] = \frac{1}{n} n \mu = \mu.$$

Wenn die Zufallsvariablen $X_1, X_2, \ldots, X_n$ außerdem unabhängig sind, so erhält man aus Satz 11

$$(3) \quad \sigma^2_{\bar{X}} = \frac{1}{n^2} n\sigma^2 = \frac{\sigma^2}{n},$$

also

$$\sigma_{\bar{X}} = \frac{\sigma}{\sqrt{n}}.$$

Ist die Zufallsvariable $Z = \frac{1}{n} \sum_{j=1}^{n} (X_j - \bar{X})^2$, so erhalten wir den Erwartungswert (die Summationsbedingung ist jeweils $j = 1, \ldots, n$)

$$E[Z] = E\left[\frac{1}{n} \Sigma X_j^2 - 2\bar{X}\frac{1}{n}\Sigma X_j + \frac{1}{n} n\bar{X}^2\right] =$$

$$= E\left[\frac{1}{n}\Sigma X_j^2 - 2\bar{X}\bar{X} + \bar{X}^2\right] = E\left[\frac{1}{n}\Sigma X_j^2 - \bar{X}^2\right] =$$

$$= \frac{1}{n}\Sigma E[X_j^2] - E[\bar{X}^2] =$$

(weil $E[X_j^2] = \sigma^2_{X_j} + \mu^2_{X_j} = \sigma^2 + \mu^2$ und $E[\bar{X}^2] = \sigma^2_{\bar{X}} + \mu^2_{\bar{X}}$)

$$= \frac{1}{n} n(\sigma^2 + \mu^2) - (\sigma^2_{\bar{X}} + \mu^2_{\bar{X}}) =$$

(wegen (2) und (3))

$$= \sigma^2 + \mu^2 - \frac{\sigma^2}{n} - \mu^2 = \frac{n-1}{n}\sigma^2.$$

Damit folgt

$$E\left[\frac{n}{n-1} Z\right] = E\left[\frac{1}{n-1} \sum_{j=1}^{n} (X_j - \bar{X})^2\right] = \sigma^2.$$

4.5.4. *Eine Anwendung:* Bei der Binomialverteilung war nach der Wahrscheinlichkeit $P_n(k)$ gefragt, daß bei n-maliger Beobachtung einer Zufallserscheinung genau k-mal ein Ereignis A eintritt; die Wahrscheinlichkeit $p = P(A)$ für das Eintreten von A ist dabei bekannt. Die Anzahl k können wir als diskrete Zufallsvariable X auffassen, welche die Werte $0, 1, \ldots, n$ annehmen kann.

Wir führen nun die neuen Zufallsvariablen X_j ein, die folgendermaßen definiert sein sollen:

$$X_j = \begin{cases} 1, \text{ wenn bei der } j\text{-ten Beobachtung der insgesamt } n \text{ Beobachtungen der Zufallserscheinung das Ereignis } A \text{ eintritt;} \\ 0, \text{ sonst}^{14)} \quad (0 \leq j \leq n); \end{cases}$$

---

[14]) Die Zufallsvariablen X_j besitzen also alle eine $0 - 1$-Verteilung.

$\Rightarrow P(X_j = 1) = p$ und $P(X_j = 0) = 1 - p$; also wird der Erwartungswert
$E[X_j] = 1 \cdot p + 0 \cdot (1 - p) = p$ und die Varianz $E[(X_j - p)^2] = (1 - p)^2 p +$
$(0 - p)^2 (1 - p) = (1 - p)[(1 - p)p + p^2] = (1 - p)p$.

Weiter können wir nun schreiben

$$X = X_1 + X_2 + \ldots + X_n,$$

wobei die X_j unabhängig sind. Mit Hilfe von Satz 3 und Satz 10 erhalten
wir den Mittelwert der binomialverteilten Zufallsvariablen X

$$E[X] = E[X_1] + \ldots + E[X_n] = np$$

und die Varianz von X

$$E[(X - np)^2] = np(1 - p) = npq$$

in Übereinstimmung mit dem Ergebnis in § 3.1.

4.5.5. Wir haben oben die Kovarianz der Zufallsvariablen X_1 und
X_2 definiert durch $\sigma_{X_1 X_2} = E[X_1 X_2] - E[X_1] E[X_2]$. Wir zeigen,
daß damit äquivalent ist folgende

Definition: $\sigma_{X_1 X_2} = E[(X_1 - \mu_1)(X_2 - \mu_2)]$,

*wobei $\mu_1 = E[X_1]$ der Mittelwert (Erwartungswert) von X_1 und
$\mu_2 = E[X_2]$ der Mittelwert von X_2 ist.*

Beweis: Unter Benutzung der Sätze über Erwartungswerte erhalten wir

$$E[(X_1 - \mu_1)(X_2 - \mu_2)] = E[X_1 X_2] - \mu_2 E[X_1] - \mu_1 E[X_2] + \mu_1 \mu_2 =$$
$$= E[X_1 X_2] - E[X_1] E[X_2].$$

Man nennt zwei Zufallsvariablen, deren Kovarianz gleich 0 ist, *unkorreliert*. Da, wie in 4.5.3. schon bemerkt, für zwei unabhängige
Zufallsvariablen X_1 und X_2 die Kovarianz $\sigma_{X_1 X_2} = 0$ ist, haben wir
den

Satz 12: *Sind die Zufallsvariablen X_1 und X_2 unabhängig, so sind
sie auch unkorreliert.*

Die Umkehrung dieses Satzes ist aber allgemein nicht richtig, es
folgt nämlich aus dem Verschwinden der Kovarianz nicht die Unabhängigkeit, wie das folgende Beispiel zeigt:

Die Zufallsvariable X_1 möge die Werte $-1, 0, +1$ je mit der Wahrscheinlichkeit $\frac{1}{3}$ annehmen; dann wird $E[X_1] = (-1)\frac{1}{3} + 0 \cdot \frac{1}{3} + 1 \cdot \frac{1}{3} = 0$. Die Zufallsvariable X_2 setzen wir $X_2 = X_1^2$;

$$\Rightarrow E[X_1 X_2] = E[X_1^3] = (-1)^3 \frac{1}{3} + 0^3 \cdot \frac{1}{3} + 1^3 \cdot \frac{1}{3} = 0,$$

also

$$\sigma_{X_1 X_2} = E[X_1 X_2] - E[X_1] E[X_2] = 0.$$

Daß X_1 und X_2 nicht unabhängig sind, prüft man nach, indem man auf die Definition in § 4.3. zurückgeht. Die Wahrscheinlichkeiten $p_{ij} = P(X_1 = x_{1i}; X_2 = x_{2j})$ entnimmt man der folgenden Tabelle:

x_{2j} \\ x_{1i}	-1	0	1
0	0	$\frac{1}{3}$	0
1	$\frac{1}{3}$	0	$\frac{1}{3}$

Daraus erhält man die Funktionswerte der Verteilungsfunktion der Randverteilungen:

x_1	-1	0	1
$F_1(x_1)$	$\frac{1}{3}$	$\frac{1}{3}$	$\frac{1}{3}$

x_2	0	1
$F_2(x_2)$	$\frac{1}{3}$	$\frac{2}{3}$

Nun ist z. B. $F(0,0) = \frac{1}{3} \neq F_1(0) F_2(0) = \frac{1}{3} \cdot \frac{1}{3}$.

§ 4.6. Der Korrelationskoeffizient

4.6.1. Seien X_1 und X_2 zwei Zufallsvariablen $((X_1, X_2) = \mathfrak{X})$, deren Varianzen $\sigma^2_{X_1}$ und $\sigma^2_{X_2}$ und deren Kovarianz $\sigma_{X_1 X_2}$ existieren soller ferner sollen die Varianzen und damit auch die Standardabweichungen σ_{X_1} und $\sigma_{X_2} > 0$ sein. Dann wird

definiert: *Die Zahl* $\rho_{X_1 X_2} = \dfrac{\sigma_{X_1 X_2}}{\sigma_{X_1} \sigma_{X_2}}$ *heißt Korrelationskoeffizient zwischen* X_1 *und* X_2.

Wenn keine Gefahr für Verwechselungen besteht, schreiben wir den Korrelationskoeffizienten $\rho_{X_1 X_2}$ kurz ρ.

Wir stellen einige Eigenschaften des Korrelationskoeffizienten zusammen:

(1) ρ ist symmetrisch in X_1 und X_2.

(2)   Ist $\rho = 0 \Leftrightarrow \sigma_{X_1 X_2} = 0$; dann sind X_1 und X_2 unkorreliert.

(3)   Sind die Zufallsvariablen X_1 und X_2 unabhängig, dann sind sie nach Satz 12 in § 4.5. auch unkorreliert und somit wird in diesem Fall $\rho = 0$; die Umkehrung davon trifft allgemein aber nicht zu, wie in 4.5.5. schon bemerkt.

(4)   In der Formel der zweidimensionalen Normalverteilung (§ 4.1.) ist ρ der Korrelationskoeffizient der zugehörigen Zufallsvariablen X_1 und X_2, wie wir hier nicht beweisen wollen.

Ist $\rho = 0$, so folgt

$$f(x_1, x_2) = \frac{1}{2\pi\sigma_1 \sigma_2} \exp\left\{ -\frac{1}{2} \left(\frac{x_1 - \mu_1}{\sigma_1}\right)^2 - \frac{1}{2} \left(\frac{x_2 - \mu_2}{\sigma_2}\right)^2 \right\} =$$

$$= \frac{1}{\sigma_1 \sqrt{2\pi}} \exp\left\{ -\frac{1}{2} \left(\frac{x_1 - \mu_1}{\sigma_1}\right)^2 \right\} \frac{1}{\sigma_2 \sqrt{2\pi}}$$

$$\exp\left\{ -\frac{1}{2} \left(\frac{x_2 - \mu_2}{\sigma_2}\right)^2 \right\} = f_1(x_1)\, f_2(x_2);$$

dabei sind $f_1(x_1)$ und $f_2(x_2)$ die Dichten der zugehörigen Randverteilungen. Damit haben wir als Ergebnis:

Ist der Korrelationskoeffizient ρ der zweidimensional normalverteilten Zufallsvariablen $\mathfrak{X} = (X_1, X_2)$ gleich 0, so sind X_1 und X_2 auch unabhängig.

Wenn also $\mathfrak{X} = (X_1, X_2)$ normalverteilt ist, gilt auch die Umkehrung von (3).

Zusammenfassend können wir also sagen: *Zwei normalverteilte Zufallsvariablen X_1 und X_2 sind genau dann unabhängig, wenn der zugehörige Korrelationskoeffizient $\rho = 0$ ist.*

4.6.2. Es gilt weiter der

Satz 1: $-1 \leqslant \rho \leqslant 1$.

Beweis: Auf die Zufallsvariablen X_1 und X_2 mit den Mittelwerten μ_{X_j} und den Varianzen $\sigma^2_{X_j} \neq 0$ $(j = 1, 2)$ wenden wir eine lineare Transformation an, indem wir zu

$$Y_1 = \frac{X_1 - \mu_{X_1}}{\sigma_{X_1}} \quad \text{und} \quad Y_2 = \frac{X_2 - \mu_{X_2}}{\sigma_{X_2}}$$

übergehen. Y_1 und Y_2 haben nach § 2.6. die Mittelwerte $\mu_{Y_j} = 0$ und die Varianzen $\sigma^2_{Y_j} = 1$ $(j = 1, 2)$. Wegen $\sigma^2_{Y_j} = E[Y_j^2] - \mu^2_{Y_j} \Rightarrow E[Y_j^2] = 1$. Nun betrachten wir die Zufallsvariable

$$Z = tY_1 + Y_2 \qquad (t \in \mathbb{R}, \text{ konstant});$$

nach Satz 4 in § 4.5. hat Z den Mittelwert $\mu_Z = 0$, und die Varianz wird

$$0 \leqslant \sigma^2_Z = E[Z^2] - \mu^2_Z = E[Z^2] = E[(tY_1 + Y_2)^2] =$$
$$= t^2 E[Y_1^2] + 2tE[Y_1 Y_2] + E[Y_2^2] = t^2 + 2tE[Y_1 Y_2] + 1.$$

Hierin ist

$$E[Y_1 Y_2] = E\left[\frac{X_1 - \mu_{X_1}}{\sigma_{X_1}} \cdot \frac{X_2 - \mu_{X_2}}{\sigma_{X_2}}\right] = \frac{1}{\sigma_{X_1} \sigma_{X_2}} E[(X_1 - \mu_{X_1})(X_2 - \mu_{X_2})] =$$
$$= \frac{\sigma_{X_1 X_2}}{\sigma_{X_1} \sigma_{X_2}} = \rho;$$

also

(5) $\sigma^2_Z = E[Z^2] = t^2 + 2t\rho + 1 \geqslant 0.$

Einsetzen von $t = -\rho$ in (5) liefert

$\rho^2 - 2\rho^2 + 1 \geqslant 0;$

also $\rho^2 \leqslant 1$, womit der Satz bewiesen ist.

Wir zeigen weiter den

Satz 2: *Die Zufallsvariablen X_1 und X_2 mögen Varianzen $\sigma^2_{X_j} > 0$ ($j = 1, 2$) besitzen. Dann besteht zwischen X_1 und X_2 genau dann eine lineare Beziehung[15])*

(6) $X_2 = \beta X_1 + \alpha$ [bzw. (7) $X_1 = \beta^* X_2 + \alpha^*$],

wenn der zugehörige Korrelationskoeffizient $\rho_{X_1 X_2} = \pm 1$ ist. Dabei ist allgemein $\beta = \dfrac{\sigma_{X_1 X_2}}{\sigma^2_{X_1}}$ und heißt Regressionskoeffizient von X_2 bezüglich X_1 $\left[\text{und } \beta^* = \dfrac{\sigma_{X_1 X_2}}{\sigma^2_{X_2}} \text{ heißt Regressionskoeffizient von } X_1 \text{ bezüglich } X_2\right].$

Die lineare Beziehung (6) heißt *Regressionsgerade* von X_2 bezüglich X_1 [und entsprechend (7) Regressionsgerade von X_1 bezüglich X_2].

Der Korrelationskoeffizient kann also als normiertes Maß für die *lineare* Abhängigkeit zwischen X_1 und X_2 dienen.

Beweis von Satz 2: (I) Es sei Beziehung (6) erfüllt. Nach Satz 1 in § 2.6. gilt für die betreffenden Mittelwerte

(8) $\mu_{X_2} = \beta \mu_{X_1} + \alpha$

und für die Varianzen

(9) $\sigma^2_{X_2} = \beta^2 \sigma^2_{X_1}.$

---

[15]) Dies ist so zu verstehen, daß (6) (bzw. (7)) mit Wahrscheinlichkeit 1 gilt.

Da nach Voraussetzung die Varianzen > 0 sind $\Rightarrow \beta \neq 0$; also $\beta > 0$ oder $\beta < 0$. Für $\beta > 0$ haben wir $\sigma_{X_2} = \beta \sigma_{X_1}$, und für $\beta < 0$ wird dann

$$\sigma_{X_2} = -\beta \sigma_{X_1}.$$

Ferner aus (6) mit (8) $\Rightarrow$

$$X_2 - \mu_{X_2} = \beta X_1 + \alpha - \mu_{X_2} = \beta X_1 - \beta \mu_{X_1} = \beta (X_1 - \mu_{X_1});$$

damit erhalten wir für die Kovarianz

$$\sigma_{X_1 X_2} = E\left[(X_1 - \mu_{X_1})(X_2 - \mu_{X_2})\right] =$$

$$= E\left[(X_1 - \mu_{X_1})\,\beta\,(X_1 - \mu_{X_1})\right] = \beta E\left[(X_1 - \mu_{X_1})^2\right] = \beta \sigma^2_{X_1}$$

und somit für den Korrelationskoeffizienten

$$\rho = \frac{\sigma_{X_1 X_2}}{\sigma_{X_1}\,\sigma_{X_2}} = \pm\,\frac{\beta \sigma^2_{X_1}}{\sigma_{X_1}\,\beta \sigma_{X_1}} = \pm\,1.$$

(II) Sei jetzt umgekehrt $\rho = \pm 1$. Von den Zufallsvariablen X_1 und X_2 gehen wir wie im Beweis zu Satz 1 über zu den Zufallsvariablen $Y_1 = (X_1 - \mu_{X_1})/\sigma_{X_1}$ und $Y_2 = (X_2 - \mu_{X_2})/\sigma_{X_2}$ und bilden damit die neue Zufallsvariable $Z = t Y_1 + Y_2$. Nach (5) ist

$$\sigma^2_Z = t^2 + 2 t \rho + 1.$$

Für $\rho = 1$ setzen wir nun hierin $t = -1$, und für $\rho = -1$ setzen wir $t = 1$; in beiden Fällen folgt $\sigma^2_Z = 0$. Das bedeutet doch, daß Z diskret ist; dann bedeutet dies, daß Z mit Wahrscheinlichkeit > 0 nur einen einzigen Wert annehmen kann, diesen dann mit Wahrscheinlichkeit 1. Für die Variablen Y_1 und Y_2 heißt das, daß $Y_2 = c \pm Y_1$ (c = konstant) gilt, und wegen $Y_j = (X_j - \mu_{X_j})/\sigma_{X_j}$ ($j = 1, 2$) erhalten wir eine lineare Beziehung zwischen X_1 und X_2.[16])

---

[16]) Aus den drei Gleichungen

$$Y_1 = \frac{X_1}{\sigma_{X_1}} - \frac{\mu_{X_1}}{\sigma_{X_1}}\,;\quad Y_2 = \frac{X_2}{\sigma_{X_2}} - \frac{\mu_{X_2}}{\sigma_{X_2}}\ \text{und}\ Y_2 = c \pm Y_1$$

errechnet man z.B. nach dem Eliminationsverfahren

$$X_2 = \pm\,\frac{\sigma_{X_2}}{\sigma_{X_1}}\,X_1 + c\,\sigma_{X_2} \mp \frac{\sigma_{X_2}}{\sigma_{X_1}}\,\mu_{X_1} + \mu_{X_2}.$$

§ 4.7. Summen von Zufallsvariablen

4.7.1. Funktionen $Y = \varphi(X_1, \ldots, X_n)$ von Zufallsvariablen $X_1, \ldots, X_r$ haben wir in § 4.4. schon eingeführt und anschließend in § 4.5.
die betreffenden Erwartungswerte $E[Y] = E[\varphi(X_1, \ldots, X_n)]$ betrachtet. Insbesondere haben wir für die Summe $Y = X_1 + \ldots + X_n$ von Zufallsvariablen den Mittelwert und die Varianz von Y in Abhängigkeit von den Mittelwerten bzw. Varianzen der Summanden X_j untersucht. Die Betrachtungen in § 4.5. bezogen sich also auf Parameter der Verteilungen.

Wir wollen nun die ganzen Verteilungen der Zufallsvariablen X_j ins Auge fassen und danach fragen, wie sich die Verteilung von $Y = \varphi(X_1, \ldots, X_n)$ aus den Verteilungen der X_j zusammensetzt.

Wir nehmen den wichtigen Spezialfall $Y = \varphi(X_1, \ldots, X_n) = = X_1 + \ldots + X_n$.

Sind etwa $X_1, \ldots, X_n$ *unabhängige* Zufallsvariablen, die alle Binomialverteilungen mit demselben Parameter p genügen; dann kann man beweisen, daß die Zufallsvariable $Y = X_1 + \ldots + X_n$ ebenfalls binomialverteilt ist.

4.7.2. Eine entsprechende Aussage für unabhängige normalverteilte Zufallsvariablen wollen wir nun herleiten. Es gilt der folgende

Satz 1: *Seien* $X_1, X_2, \ldots, X_n$ *unabhängige normalverteilte Zufallsvariablen mit den Mittelwerten* $\mu_1, \mu_2, \ldots, \mu_n$ *und den Varianzen* $\sigma_1^2, \sigma_2^2, \ldots, \sigma_n^2$.[17]*) Dann ist auch die Zufallsvariable*

$$Y = X_1 + X_2 + \ldots + X_n$$

normalverteilt und hat den Mittelwert

(1) $\mu = \mu_1 + \mu_2 + \ldots + \mu_n$

und die Varianz

(2) $\sigma^2 = \sigma_1^2 + \sigma_2^2 + \ldots + \sigma_n^2$.

---

[17]) Statt μ_{X_1}, $\sigma_{X_1}^2$ usw. schreiben wir nun kurz μ_1, σ_1^2 usw.

Die Aussagen (1) und (2) für μ und σ^2 erhält man unmittelbar aus den Sätzen 3 und 10 in § 4.5. Es bleibt also noch zu zeigen, daß Y normalverteilt ist.[18]) Den Beweis bringen wir im Anhang.

Unter Benutzung von Satz 1 in § 2.6. läßt sich Satz 1 sofort verallgemeinern zu

Satz 2: *Seien X_1, X_2, ..., X_n unabhängige normalverteilte Zufallsvariablen mit den Mittelwerten μ_1, μ_2, ..., μ_n und den Varianzen σ_1^2, σ_2^2, ..., σ_n^2. Dann ist auch die Zufallsvariable*

$$Y = a_0 + a_1 X_1 + a_2 X_2 + \ldots + a_n X_n$$

normalverteilt mit dem Mittelwert

$$\mu = a_0 + a_1 \mu_1 + \ldots + a_n \mu_n$$

und der Varianz

$$\sigma^2 = a_1^2 \sigma_1^2 + a_2^2 \sigma_2^2 + \ldots + a_n^2 \sigma_n^2.$$

Besonders der Spezialfall $a_0 = 0$, $a_1 = \ldots = a_n = \dfrac{1}{n}$ und $\mu_1 = \ldots = \mu_n = \mu$ sowie $\sigma_1^2 = \ldots = \sigma_n^2 = \sigma^2$ ist für die Anwendungen wichtig. Wir formulieren für diesen Sonderfall das Resultat in

Satz 3: *Die Zufallsvariablen X_j seien unabhängig und normalverteilt mit demselben Mittelwert μ und derselben Varianz σ^2 ($j = 1, ..., n$). Dann ist $Y = \dfrac{1}{n} [X_1 + X_2 + \ldots + X_n]$ normalverteilt mit dem Mittelwert μ und der Varianz $n \dfrac{\sigma^2}{n^2} = \dfrac{\sigma^2}{n}$.*

Die Zufallsvariable $Y = \dfrac{1}{n} [X_1 + X_2 + \ldots + X_n]$ heißt auch *arithmetisches Mittel* von X_1, X_2, ..., X_n, und man schreibt $\bar{X}$ statt Y.

---

[18]) Wenn die Zufallsvariablen X_1 und X_2 dem gleichen Verteilungstyp genügen und die Summenvariable $Y = X_1 + X_2$ demselben Verteilungstyp angehört wie X_1 und X_2, dann heißt dieser Verteilungstyp *reproduktiv*. So sind die Binomialverteilung und die Normalverteilung reproduktiv, ebenso die Poissonverteilung.

Somit können wir diesen Satz auch folgendermaßen ausdrücken:

Satz 4: *Das arithmetische Mittel aus mit Mittelwert μ und Varianz σ^2 normalverteilten Zufallsvariablen X_j ist wieder normalverteilt mit demselben Mittelwert μ, aber der Varianz $\dfrac{\sigma^2}{n}$.*

Unter Benutzung von § 2.6. erhalten wir hieraus dann sofort auch

Satz 5: *Die Zufallsvariablen X_j seien unabhängig und normalverteilt mit demselben Mittelwert μ und derselben Varianz σ^2 ($j = 1, \ldots, n$). Dann ist*

$$Z = \frac{\bar{X} - \mu}{\sigma / \sqrt{n}} = \frac{\bar{X} - \mu}{\sigma} \sqrt{n}$$

normalverteilt mit dem Mittelwert 0 und der Varianz 1.

Eine Verallgemeinerung dieser Sätze liefert der zentrale Grenzwertsatz mit seinen Folgerungen (siehe § 4.8.).

§ 4.8. Der zentrale Grenzwertsatz

4.8.1. Wenn die unabhängigen Zufallsvariablen X_1, X_2, ..., X_n nicht normalverteilt sind, wird man auch nach einer Aussage über die Verteilung von $Y = X_1 + X_2 + \ldots + X_n$ fragen. Allerdings wird man dann nicht erwarten können, daß Y exakt normalverteilt ist.

Solche Aufgaben, die Gesetzmäßigkeiten zu untersuchen, denen die Summe einer großen Anzahl unabhängiger Zufallsvariablen gehorcht, ist sowohl für die Theorie als auch für die Anwendung von großer Bedeutung. Jede einzelne dieser Zufallsvariablen wird dabei nur einen kleinen Einfluß auf die Summe haben. Anstatt die Summe einer großen, jedoch endlichen Anzahl von Summanden zu untersuchen, werden wir eine Folge von Summen mit einer immer größer werdenden Anzahl von Summanden betrachten, wir gehen also zu einer Grenzwertaussage über.

Beispiel: Bei der maschinellen Herstellung von 1-kg-Paketen werden viele zufällige Ursachen (Unregelmäßigkeit beim Arbeiten der Abfüllmaschine, kleine Abweichungen beim Verpackungsmaterial) auf das Endgewicht einwirken. Bei dem Produktionsprozeß sollen diese Abweichungen nur zufallsbedingt und unabhängig sein, jede einzelne dieser Ursachen übt nur einen kleinen Effekt auf das Endergebnis aus. Die Summe aller dieser Effekte, die wir als eine Summe von Zufallsvariablen auffassen können, kann aber eine merkliche Abweichung hervorrufen.

4.8.2. Wir betrachten eine (unendliche) Folge $X_1, X_2, \ldots, X_n, \ldots$ von *unabhängigen* Zufallsvariablen[19]), die beliebigen Verteilungen genügen können. Die Mittelwerte $\mu_n = E[X_n]$ sowie die Varianzen $\sigma^2_n = E[(X_n - \mu_n)^2]$ sollen existieren, ferner soll $\sigma^2_n > 0$ sein $(n = 1, 2, \ldots)$.

Zu dieser Folge $\{X_n\}$ von Zufallsvariablen bilden wir die Folge der neuen Zufallsvariablen

$$(1)\ Z_n = \frac{\sum\limits_{j=1}^{n} X_j - \sum\limits_{j=1}^{n} \mu_j}{\sqrt{\sum\limits_{j=1}^{n} \sigma^2_j}} = \frac{\sum\limits_{j=1}^{n} (X_j - \mu_j)}{\sqrt{\sum\limits_{j=1}^{n} \sigma^2_j}} \qquad (n = 1, 2, \ldots).$$

Dabei können wir $\sum\limits_{j=1}^{n} X_j$ als Zufallsvariable Y_n auffassen; nach Satz 3 in § 4.5. ist deren Mittelwert $\sum\limits_{j=1}^{n} \mu_j$ und nach Satz 10 in § 4.5. deren Varianz $\sum\limits_{j=1}^{n} \sigma^2_j$. Nach § 2.6. ist dann Z_n standardisierte Zufallsvariable, hat also den Mittelwert 0 und die Varianz 1.

---

[19]) Eine Folge $X_1, \ldots, X_n, \ldots$ von Zufallsvariablen heißt unabhängig, wenn für jedes $n \in \mathbb{N}$ die Zufallsvariablen $(X_1, \ldots, X_n)$ unabhängig sind.

Dann gilt der

zentrale Grenzwertsatz[20]): *Sei* X_1, X_2, ..., X_n, ... *eine Folge von beliebigen unabhängigen Zufallsvariablen, deren Mittelwerte* μ_n *und Varianzen* σ^2_n *existieren sollen. Dann nähert sich unter recht allgemeinen Voraussetzungen*[21]) *die Verteilung der Zufallsvariablen* Z_n *für* $n \to \infty$ *global der Verteilung der standardisierten Normalverteilung.*

M.a.W. läßt sich dieser Satz auch so formulieren: *Ist* $F_1(z)$, $F_2(z)$, ..., $F_n(z)$, ... *die Folge von Verteilungsfunktionen*[22]), *die zu der Folge* Z_1, Z_2, ..., Z_n, ... *der Zufallsvariablen* (1) *gehört, und* $\phi(x) = \dfrac{1}{\sqrt{2\pi}} \displaystyle\int_{-\infty}^{x} \exp\left(-\dfrac{t^2}{2}\right) dt$ *die Verteilungsfunktion der standardisierten Normalverteilung, dann gilt unter einer recht allgemeinen Zusatzbedingung*[21])

$$\lim_{n \to \infty} F_n(z) = \phi(z)$$

gleichmäßig für jedes $z \in \mathbb{R}$.

$\phi(z)$ heißt dann *Grenzverteilungsfunktion.*

Man sagt dann auch, Z_n sci *asymptotisch normalverteilt.*

Auf eine exaktere Formulierung des zentralen Grenzwertsatzes wollen wir hier verzichten, auch auf einen Beweis werden wir nicht eingehen, da das die in diesem Buch entwickelten Hilfsmittel übersteigt.

---

[20]) Dieser Satz heißt in der Literatur oft auch Satz von Ljapunoff. – Aleksander Michailowitsch Ljapunoff, 1857–1918.

[21]) Über die 3. Momente der X_n. – Durch diese Voraussetzung wird sichergestellt, daß der Einfluß einzelner Summanden auf die Gesamtsumme in (1) nicht „zu groß" wird. Würden etwa gewisse Zufallsvariablen überwiegen, so müßte auch deren Verteilung auf die Gesamtsumme stärker durchschlagen.

[22]) Also $F_n(z) = P(Z_n \leqslant z)$.

Einen **Spezialfall des zentralen Grenzwertsatzes** wollen wir jedoch besonders formulieren[23]): *Sei X_1, X_2, ..., X_n, ... eine Folge von unabhängigen Zufallsvariablen, die alle dieselbe Verteilung besitzen; dann sind die Mittelwerte $E[X_n]$ (die existieren sollen) alle gleich μ und die Varianzen $E[(X_n - \mu^2]$ (die ebenfalls existieren sollen) alle gleich σ^2 (unabhängig von n); es soll ferner $\sigma^2 > 0$ sein. Dann ist die Zufallsvariable*

$$(2) \quad Z_n = \frac{\sum\limits_{j=1}^{n} X_j - n\mu}{\sigma \sqrt{n}} = \frac{\sum\limits_{j=1}^{n} (X_j - \mu)}{\sigma \sqrt{n}}$$

für $n \to \infty$ asymptotisch normalverteilt[24]).

Also vereinfacht sagt der zentrale Grenzwertsatz aus, daß die Summe von unabhängigen Zufallsvariablen annähernd normalverteilt ist, sofern nur die Anzahl der Summanden groß genug und der Einfluß jeder einzelnen dieser Zufallsvariablen auf die Gesamtsumme klein ist (also keine der Zufallsvariablen überwiegt die anderen).

4.8.3. Aus (2) erhalten wir nach Division des Zählers und Nenners durch n und indem wir $\frac{1}{n} \sum\limits_{j=1}^{n} X_j = \bar{X}_n$ setzen

$$Z_n = \frac{\bar{X}_n - \mu}{\sigma/\sqrt{n}}.$$

Damit können wir nun auch sagen, daß sich die Verteilung des arithmetischen Mittels $\bar{X}_n$ von unabhängigen Zufallsvariablen, die alle derselben Verteilung mit dem Mittelwert μ und der Varianz $\sigma^2 > 0$ genügen, für $n \to \infty$ global der Normalverteilung mit dem Mittelwert μ und der Varianz $\sigma^2/_n$ annähert.

---

[23]) Dieser Satz heißt in der Literatur Grenzwertsatz von Lindeberg–Lévy.

[24]) Auf eine Bedingung über 3. Momente, wie bei der ersten Fassung des zentralen Grenzwertsatzes, kann hier verzichtet werden.

Als Anwendung des zentralen Grenzwertsatzes kann man folgern, daß Zufallsvariablen, die durch Standardisieren aus binomialverteilten Zufallsvariablen hervorgehen, asymptotisch normalverteilt sind.

Dies bedeutet, daß der Integralgrenzwertsatz von De Moivre— Laplace in dem zentralen Grenzwertsatz als Spezialfall enthalten ist.

Eine entsprechende Aussage gilt auch für Zufallsvariablen, die einer Poissonverteilung oder einer hypergeometrischen Verteilung genügen.

Anhang

§ I. Grundbegriffe der Mengenlehre

I. 1. Begründer der Mengenlehre ist *Georg Cantor* (1845–1918). Wir **definieren:** *Eine Menge ist die Zusammenfassung von bestimmten wohlunterschiedenen Objekten (Dingen) unserer Anschauung oder unseres Denkens zu einem Ganzen.*[1]) Es muß von einem Objekt feststehen, ob es zu der Menge gehört oder nicht. Die Objekte, die zu einer Menge gehören, nennt man die Elemente der Menge.

Wir bezeichnen Mengen mit *A, B, C, ..., M, ...* Ist x Element der Menge *A*, so schreiben wir $x \in A$; gehört x nicht zu *A*, so wird $x \notin A$ gesetzt.

Beispiele für Mengen: 1.) Die Menge *A* der Zahlen 1, 3, 5, 7, 9; man schreibt $A = \{1, 3, 5, 7, 9\}$.

2.) Die Menge der natürlichen Zahlen $\{1, 2, 3, 4, ...\}$; man verwendet für diese das Symbol $\mathbb{N}$.

3.) Die Menge $\mathbb{R}$ der reellen Zahlen.

4.) Die Menge *B* der Lösungen der Gleichung $x^2 - 4 = 0$; es ist $B = \{x_1, x_2\} = \{+2, -2\}$.

5.) Die Menge *M* der Punkte $P = (x_1, x_2)$ in der Ebene mit der Eigenschaft $x_1^2 + x_2^2 \leqslant 1$. Das ist die Menge aller Punkte innerhalb und auf dem Einheitskreis. Man schreibt dann kurz $M = \{P = (x_1, x_2) \mid x_1^2 + x_2^2 \leqslant 1\}$.

6.) Die Menge der Einwohner der BRD, welche am 2. Febr. Geburtstag haben.

Sind allgemein $x_1, x_2, ..., x_n$ die Elemente der Menge *A*, so schreibt man $A = \{x_1, x_2, ..., x_n\}$; es ist gleichgültig, in welcher Reihenfolge die Elemente angeordnet werden.

Wird wie in Beispiel 5) eine Menge *M* durch eine Eigenschaft *E* ihrer Elemente definiert, so schreibt man

$$M = \{x \mid x \text{ hat Eigenschaft } E\}.$$

[1]) Wir benutzen hier den naiven Standpunkt für die Einführung in die Mengenlehre.

Im Hinblick darauf, Mengenoperationen ohne wesentliche Beschränkungen ausführen zu können, führen wir noch ein:

Die Menge, die keine Elemente enthält, wird als *leere Menge* $\emptyset$ bezeichnet.[2])

Wir nennen weiter eine Menge A *Teilmenge* einer Menge B (geschrieben $A \subseteq B$[3]), wenn für jedes Element $x \in A$ auch gilt $x \in B$.

Zwei Mengen A und B heißen gleich ($A = B$), wenn gilt $A \subseteq B$ und $B \subseteq A$.

Ist A Teilmenge von B und gibt es ein $b \in B$ mit $b \notin A$, so heißt A *echte Teilmenge* von B (geschrieben $A \subset B$).

Zum Beispiel ist $\mathbb{N} \subset \mathbb{R}$. Die Schreibweise $A \nsubseteq B$ besagt, daß A nicht Teilmenge von B ist, d.h. es gibt ein $x \in A$ mit $x \notin B$.

Für jede Menge A gilt offenbar $A \subseteq A$ und $\emptyset \subseteq A$.

Ist $A \subseteq B$, so heißt die Menge der Elemente von B, die nicht zu A gehören, die *Komplementärmenge* $\bar{A}$ von A bezüglich B; also

$$\bar{A} = \{x \in B \mid x \notin A\}.$$

Unter Umständen kann $\bar{A} = \emptyset$ die leere Menge sein.

Es gilt stets $\bar{\bar{A}} = A$.

I. 2. *Potenzmenge.* Wir bilden von einer Menge A alle möglichen Teilmengen (die leere Menge ϕ und die Menge A selbst sind auch Teilmengen von A). Das System[4]) aller dieser Teilmengen von A wird als *Potenzmenge* von A bezeichnet. Wir benutzen für die Potenzmenge von A die Schreibweise $\mathfrak{P}(A)$. Die Elemente der Potenzmenge sind also die Teilmengen von A.

Beispiel: $A = \{1, 2, 3\}$.

$\Rightarrow \mathfrak{P}(A) = \{\emptyset$;	(leere Menge)
$\{1\}, \{2\}, \{3\};$	(1-elementige Teilmengen)
$\{1, 2\}, \{1, 3\}, \{2, 3\};$	(2-elementige Teilmengen)
$\{1, 2, 3\}\}.$	(Menge A)

In diesem Beispiel besteht die Potenzmenge also aus 8 Elementen. Hat allgemein eine Menge A genau n Elemente, so besitzt ihre Potenzmenge $\mathfrak{P}(A)$ genau 2^n Elemente (die leere Menge $\emptyset$ und die Menge A mitgezählt).

---

[2]) Man beachte den Unterschied zwischen der leeren Menge $\emptyset$ und der Menge $\{0\}$, welche die Zahl 0 als Element enthält.

[3]) Auch $B \supseteq A$. – Es heißt B auch Obermenge von A.

[4]) Eine Menge von Mengen bezeichnet man häufig als System von Mengen.

I. 3. Wir **definieren** weiter folgende Mengenoperationen:

Die *Vereinigungsmenge* $A \cup B$ der Mengen A und B ist die Menge der Elemente, die entweder zu A oder zu B oder zu beiden Mengen gehören; also

$$A \cup B = \{x \mid x \in A \text{ oder } x \in B \text{ (oder beides)}\}.$$

Der *Durchschnitt* $A \cap B$ der Mengen A und B ist die Menge der Elemente, die sowohl zu A als auch zu B gehören; also

$$A \cap B = \{x \mid x \in A \text{ und } x \in B\}.$$

Zwei Mengen A und B, deren Durchschnitt die leere Menge ist, also $A \cap B = \emptyset$, heißen *elementfremd* oder *disjunkt*.

I.4. Nach diesen Definitionen lassen sich eine ganze Reihe von Relationen für Mengen beweisen: So zum Beispiel

(1) Aus $A \subseteq B$ und $B \subseteq C \Rightarrow A \subseteq C$;

(2) $A \subseteq A \cup B$;   (3) $A \supseteq A \cap B$;

(4) $A \cup \emptyset = A$;   (5) $A \cap \emptyset = \emptyset$;

(6) $A \cup A = A$;   (7) $A \cap A = A$ (Idempotenz);

(8) $A \cup B = B \cup A$;   (9) $A \cap B = B \cap A$ (Kommutativgesetze);

(10) $(A \cup B) \cup C = A \cup (B \cup C) = A \cup B \cup C$ ⎫ (Assoziativ-

(11) $(A \cap B) \cap C = A \cap (B \cap C) = A \cap B \cap C$ ⎬ gesetze);

(12) $A \cap (B \cup C) = (A \cap B) \cup (A \cap C)$ ⎫ (Distributivgesetze);

(13) $A \cup (B \cap C) = (A \cup B) \cap (A \cup C)$ ⎬

(14) $A \cup (A \cap B) = A$;   (15) $A \cap (A \cup B) = A$.

Wir erwähnen noch die Beziehungen von De Morgan:

Ist $A \subseteq C$ und $B \subseteq C$, so gilt

(16) $\overline{A \cup B} = \bar{A} \cap \bar{B}$ und   (17) $\overline{A \cap B} = \bar{A} \cup \bar{B}$,

wobei jeweils die Komplementärmengen bezüglich C zu nehmen sind.

Man beweist solche Aussagen, indem man zeigt, daß jedes Element, das der links vom Gleichheitszeichen stehenden Menge M_L angehört, auch Element der rechts stehenden Menge M_R ist; damit wird gezeigt, daß $M_L \subseteq M_R$ gilt. Dann wird umgekehrt nachgewiesen, daß jedes Element, das der Menge

M_R angehört, auch Element der Menge M_L ist; damit wird gezeigt, daß $M_R \subseteq M_L$ gilt. − Dann muß $M_L = M_R$ sein.

So haben wir z. B. als *Beweis* von (16): a) Ist $x \in \overline{A \cup B}$, dann ist $x \notin A \cup B$; also ist $x \notin A$ und $x \notin B$, woraus folgt $x \in \overline{A}$ und $x \in \overline{B}$. Somit ist $x \in \overline{A} \cap \overline{B}$, also $\overline{A \cup B} \subseteq \overline{A} \cap \overline{B}$.

b) Ist $y \in \overline{A} \cap \overline{B}$, dann ist sowohl $y \in \overline{A}$ als auch $y \in \overline{B}$; d. h. es ist $y \notin A$ und $y \notin B$.

Daraus folgt $y \notin A \cup B$, also $y \in \overline{A \cup B}$. Somit ist $\overline{A} \cap \overline{B} \subseteq \overline{A \cup B}$. Damit ist aber die Behauptung (16) bewiesen.

Man kann den Beweis auch mit einer Mengentafel führen oder sich diese Beziehung (16) an einem Euler-Venn-Diagramm klarmachen.

Aufgrund von (10) und (11) können wir dann auch die Vereinigung und den Durchschnitt von n ($n > 2$) Mengen bilden; wir schreiben

$$A_1 \cup \ldots \cup A_n = \bigcup_{j=1}^{n} A_j \quad \text{und} \quad A_1 \cap \ldots \cap A_n = \bigcap_{j=1}^{n} A_j.$$

Ebenso lassen wir den Durchschnitt und die Vereinigung von unendlich vielen Mengen zu; man setzt dann

$$\bigcup_{j=1}^{\infty} A_j \quad \text{bzw.} \quad \bigcap_{j=1}^{\infty} A_j.$$

Auch (16) und (17) lassen sich auf n Mengen und allgemein auf unendlich viele Mengen übertragen: Sind $A_j \subseteq C$ ($j = 1, 2, \ldots$), so gilt

(18) $$\overline{\bigcup_{j=1}^{\infty} A_j} = \bigcap_{j=1}^{\infty} \overline{A_j};$$

(19) $$\overline{\bigcap_{j=1}^{\infty} A_j} = \bigcup_{j=1}^{\infty} \overline{A_j},$$

wobei jeweils die Komplemente bezüglich C zu nehmen sind.

Betrachten wir z. B. den *Beweis* von (19): Mit (19) ist gleichwertig

(20) $$\bigcap_{j=1}^{\infty} A_j = \overline{\bigcup_{j=1}^{\infty} \overline{A_j}},$$

es genügt also, (20) zu zeigen.

a)   Ist $x \in \bigcap_{j=1}^{\infty} A_j \Rightarrow x \in A_j$ $(j = 1, 2, \ldots)$; $\Rightarrow x \notin \bar{A}_j$ $(j = 1, 2, \ldots)$;

$$\Rightarrow x \notin \bigcup_{j=1}^{\infty} \bar{A}_j \, ; \quad \Rightarrow x \in \overline{\bigcup_{j=1}^{\infty} \bar{A}_j} \, ; \text{ also } \bigcap_{j=1}^{\infty} A_j \subseteq \overline{\bigcup_{j=1}^{\infty} \bar{A}_j} \, .$$

b)   Ist $y \in \overline{\bigcup_{j=1}^{\infty} \bar{A}_j} \Rightarrow y \notin \bigcup_{j=1}^{\infty} \bar{A}_j \Rightarrow y \notin \bar{A}_j$ $(j = 1, 2, \ldots)$;

$$\Rightarrow y \in A_j \ (j = 1, 2, \ldots); \ \Rightarrow y \in \bigcap_{j=1}^{\infty} A_j \, ;$$

also $\overline{\bigcup_{j=1}^{\infty} \bar{A}_j} \subseteq \bigcap_{j=1}^{\infty} A_j$. Damit ist (20) bewiesen.

I. 5. *Abbildungen von Mengen.*

Definition: *Eine Menge A heißt in eine Menge B abgebildet, wenn jedem Element $x \in A$ durch eine Vorschrift f eindeutig ein Element $y \in B$ zugeordnet wird.*

Man schreibt

$$f : A \to B \quad \text{oder} \quad A \xrightarrow{f} B \quad \text{oder kurz} \quad A \to B.$$

Das dem Element $x \in A$ durch f zugeordnete Element $y \in B$ heißt *Bild* von x; man schreibt dann auch $y = f(x)$.

Bei der Abbildung $f : A \to B$ braucht nicht jedes Element aus B Bild eines Elements aus A zu sein. Die Menge der Elemente $y \in B$ mit $\{y = f(x) \mid x \in A\}$ heißt *Bildmenge* [5]), die Menge A *Definitionsbereich*. [6]) Ist die Bildmenge gleich B, so spricht man von einer Abbildung f von A *auf* B.

Wir erklären weiter: Eine Abbildung f von A auf B heißt *eineindeutig*, wenn jedem $x \in A$ umkehrbar eindeutig ein $y \in B$ zugeordnet wird; damit wird auch umgekehrt jedem $y \in B$ eindeutig ein $x \in A$ zugeordnet. Diese Abbildung $B \to A$ heißt *Umkehrabbildung (inverse Abbildung)* von $f : A \to B$ und wird mit $f^{-1} : B \to A$ bezeichnet. Für die Abbildung f^{-1} ist also B der Definitionsbereich und A die Bildmenge.

---

[5]) Oder Nachbereich.

[6]) Oder Vorbereich.

Eine reellwertige Funktion kann nun als Abbildung f einer Menge A (Definitionsbereich A) auf eine Menge B reeller Zahlen (Bildbereich, Wertebereich $B \subseteq \mathbb{R}$) aufgefaßt werden.

Man schreibt hier auch

$$f : x \to y = f(x) \quad (x \in A;\ y \in B) \quad \text{oder kurz} \quad y = f(x).$$

$x \in A$ ist unabhängige, $y \in B$ abhängige Variable. Man nennt x auch Argumentwert und $y = f(x)$ Funktionswert.

Wird durch $f : A \to B$ eine eineindeutige Abbildung von A auf B vermittelt, dann existiert auch die Umkehrabbildung $f^{-1} : B \to A$. Wir nennen

$$f^{-1} : y \to x = f^{-1}(y) \quad (y \in B;\ x \in A) \quad \text{oder kurz} \quad x = f^{-1}(y)$$

die Umkehrfunktion (inverse Funktion) von $f(x)$. Der Wertebereich B der Funktion $y = f(x)$ ist also der Definitionsbereich von $x = f^{-1}(y)$, und der Wertebereich von $x = f^{-1}(y)$ ist der Definitionsbereich A von $y = f(x)$.

Ist $y \in B$, so verwendet man die Schreibweise $f^{-1}(y)$ auch in dem Fall, in dem die Abbildung f nicht eineindeutig auf B ist. In diesem Fall steht $f^{-1}(y)$ $(y \in B)$ für die Menge aller $x \in A$ mit $f(x) = y$.

Vermittelt eine Funktion $f : x \to y = f(x)$ eine eineindeutige Abbildung des Definitionsbereichs A auf den Wertebereich B, so folgt aus $x_1, x_2 \in A$ und $x_1 \neq x_2$ für die Funktionswerte $f(x_1) \neq f(x_2)$.

I. 6. *Mächtigkeit von Mengen.* Wir geben folgende

Definition: *Zwei Mengen A und B, die eineindeutig aufeinander abbildbar sind, heißen gleichmächtig* [7]); wir schreiben $A \sim B$.[8])

Beispiele für gleichmächtige Mengen: 1) Die Mengen $A = \{1, 2, 3, 4\}$ und $B = \{2, 4, 6, 8\}$ sind durch die Vorschrift $f : a \to b = 2a$ $(a \in A;\ b \in B)$ und $f^{-1} : b \to a = \dfrac{b}{2}$ umkehrbar eindeutig aufeinander abgebildet, also

$A \sim B$. Diese umkehrbar eindeutige Abbildung läßt sich auch in einer Figur durch Pfeile beschreiben:

$$
\begin{array}{c}
A = \{1,\ 2,\ 3,\ 4\} \\
\updownarrow\ \updownarrow\ \updownarrow\ \updownarrow \\
B = \{2,\ 4,\ 6,\ 8\}.
\end{array}
$$

---

[7]) Oder *äquivalent* oder *von gleicher Kardinalzahl.*

[8]) Die Eigenschaften einer Äquivalenzrelation sind erfüllt: $A \sim A$; aus $A \sim B \Rightarrow B \sim A$; aus $A \sim B$ und $B \sim C \Rightarrow A \sim C$.

2) Die Menge der natürlichen Zahlen $\mathbb{N} = \{1, 2, 3, \ldots, n, \ldots\}$ und die Menge der positiven geraden Zahlen $G = \{2, 4, 6, \ldots, 2n, \ldots\}$ sind gleichmächtig; eine eineindeutige Zuordnungsvorschrift wird z. B. durch

$$f : n \to g = 2n \quad \text{und} \quad f^{-1} : g = 2n \to \frac{g}{2} = n \quad (n \in \mathbb{N}; \ g \in G)$$

gegeben.

3) Die Menge der natürlichen Zahlen $\mathbb{N} = \{1, 2, 3, \ldots, n, \ldots\}$ und die Menge der ganzen Zahlen $\mathbb{Z} = \{\ldots, -3, -2, -1, 0, 1, 2, 3, \ldots\}$ sind gleichmächtig; eine eineindeutige Zuordnung lautet

$$f: \ 1 \to 0; \ \ 2 \to 1; \ \ 3 \to -1; \ \ 4 \to 2; \ \ 5 \to -2;$$

allgemein: $n \to x = \dfrac{n}{2}$ für $n \in \mathbb{N}$ und n gerade

$$n \to x = -\frac{n-1}{2} \ \text{für} \ n \in \mathbb{N} \ \text{und} \ n \ \text{ungerade};$$

$$f^{-1} : x \to n = 2x \ \text{für} \ x \in \mathbb{Z} \ \text{und} \ x > 0;$$

$$x \to n = -2x + 1 \ \text{für} \ x \in \mathbb{Z} \ \text{und} \ x \leq 0.$$

4) Auch die Menge der natürlichen Zahlen $\mathbb{N} = \{1, 2, 3, \ldots\}$ und die Menge aller geordneten[9]) Zahlenpaare (p, q), wobei p und q ganze Zahlen sind, sind gleichmächtig. Das läßt sich geometrisch leicht einsehen: Die Zahlenpaare (p, q) lassen sich als Koordinaten von Punkten in der Ebene auffassen, und weil p und q ganze Zahlen sind, haben diese Punkte ganzzahlige Koordinaten. Man erhält also in der Ebene durch die Zahlenpaare (p, q) die Punkte eines „Gitters" (Fig. 1). Wenn man nun von 0 ausgehend diese Gitterpunkte durch einen Streckenzug verbindet (Fig. 1), wird auf Grund des

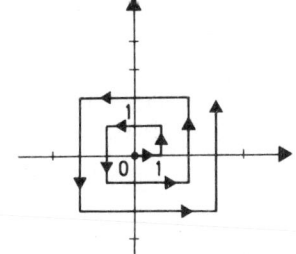

Fig. 1

---

[9]) D.h. die Reihenfolge der Zahlen in dem Zahlenpaar ist wesentlich, also das Zahlenpaar (p, q) ist von dem Zahlenpaar (q, p) verschieden für $p \neq q$.

Durchlaufsinns des Streckenzugs jedem Gitterpunkt umkehrbar eindeutig genau eine bestimmte natürliche Zahl zugeordnet.

(Dem Gitterpunkt $(0,0)$ wird 1 zugeordnet, dem Gitterpunkt $(1,0)$ die Zahl 2, dem Gitterpunkt $(1,1)$ die Zahl 3, dem Gitterpunkt $(0,1)$ die Zahl 4 usw.).

Also sind die Menge $\mathbb{N}$ der natürlichen Zahlen und die Menge der Zahlenpaare (p, q) mit $p, q \in \mathbb{Z}$ gleichmächtig.

Da eine rationale Zahl (Bruch) $\frac{p}{q}$ auch als Zahlenpaar (p, q) mit $q \neq 0$ interpretiert werden kann, ist die Menge $\mathbb{Q}$ der rationalen Zahlen nach analogen Überlegungen mit der Menge $\mathbb{N}$ der natürlichen Zahlen gleichmächtig.

Man nennt alle Mengen, die mit der Menge $\mathbb{N}$ der natürlichen Zahlen gleichmächtig sind, *abzählbar unendlich*. Somit sind die Mengen $\mathbb{Z}$ und $\mathbb{Q}$ abzählbar unendlich.

Man kann aber zeigen, daß die Menge $\mathbb{R}$ der reellen Zahlen (die wir auch als die Menge der Punkte auf der Zahlengeraden auffassen können) von größerer Mächtigkeit ist als die Menge $\mathbb{N}$ der natürlichen Zahlen. Man sagt auch, $\mathbb{R}$ sei *überabzählbar unendlich*.

Andererseits sind jedoch die Menge $\mathbb{R}$ aller reellen Zahlen und die Menge I der reellen Zahlen zwischen 0 und 1, also $I = \{0 < x < 1 \,|\, x \in \mathbb{R}\}$ gleichmächtig. M. a. W. sind also die Menge der Punkte auf der ganzen Zahlengeraden und die Menge der Punkte des (offenen) Intervalls zwischen 0 und 1 gleichmächtig. Die umkehrbar eindeutige Abbildbarkeit erkennt man aus folgender Figur:

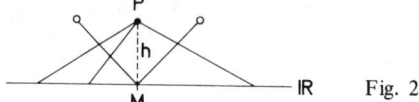

Fig. 2

Wir knicken das Intervall $I = \{0 < x < 1 \,|\, x \in \mathbb{R}\}$ in seinem Mittelpunkt zu einem Winkel von $90°$ und legen diesen Winkel, wie aus Fig. 2 ersichtlich, mit seinem Scheitel symmetrisch in Punkt M an die Zahlengerade $\mathbb{R}$. Vom Punkt P aus, der in der Höhe $h = \dfrac{1}{2\sqrt{2}}$ senkrecht über dem Punkt M liegt, projizieren wir nun die Punkte des zu einem Winkel geknickten Intervalls I auf die Gerade $\mathbb{R}$. Dadurch haben wir eine eineindeutige Zuordnung zwischen den Punkten (Zahlen) von I und den Punkten (Zahlen) von $\mathbb{R}$, also $I \sim \mathbb{R}$.

I.7. Man nennt allgemein eine Menge A *unendlich*, wenn sie eineindeutig auf eine echte Teilmenge von A selbst abgebildet werden kann. Andernfalls heißt A *endlich*. Diese Erklärung deckt sich mit dem oben benutzten Begriff unendlich bei Mengen.

Beispiel: Die Menge $\mathbb{N}$ der natürlichen Zahlen läßt sich, wie oben gezeigt, eineindeutig auf die Menge G der positiven geraden Zahlen abbilden und $G \subset \mathbb{N}$; also ist $\mathbb{N}$ eine unendliche Menge.

Die Anzahl n der Elemente einer endlichen Menge ist die Kardinalzahl[10]) dieser Menge.

§ II.1. Beweis von $\dfrac{1}{\sigma\sqrt{2\pi}} \displaystyle\int_{-\infty}^{+\infty} \exp\left(-\dfrac{(x-\mu)^2}{2\sigma^2}\right) dx = 1$

II.1.1. Wir schreiben

$$\frac{1}{\sigma\sqrt{2\pi}} \int_{-\infty}^{+\infty} \exp\left(-\frac{(x-\mu)^2}{2\sigma^2}\right) dx = I.$$

Wir führen nun in dem Integral die Substitution $x = \sqrt{2}\,\sigma t + \mu$ aus;
$\Rightarrow dx = \sqrt{2}\,\sigma dt$ und der Integrationsbereich $x: -\infty \ldots +\infty \Rightarrow t: -\infty \ldots +\infty$
wegen $\sigma > 0$. Damit

$$I = \frac{1}{\sigma\sqrt{2\pi}} \int_{-\infty}^{+\infty} e^{-t^2} \sqrt{2}\,\sigma dt = \frac{1}{\sqrt{\pi}} \int_{-\infty}^{+\infty} e^{-t^2} dt.$$

Berechnung von $I_1 = \displaystyle\int_{-\infty}^{+\infty} e^{-x^2} dx$ ($t = x$ gesetzt): Wir spalten das Integral auf

in

$$I_1 = \int_{0}^{+\infty} e^{-x^2} dx + \int_{-\infty}^{0} e^{-x^2} dx\,;$$

---

[10]) Man kann dann auch sagen, daß es zu jeder endlichen Menge $A \neq \emptyset$ eine Zahl $n \in \mathbb{N}$ gibt, so daß $A \sim \{1, 2, \ldots, n\}$ ist.

im zweiten Integral machen wir die Substitution $x = -t$; $\Rightarrow dx = -dt$ und für den Integrationsbereich x: $-\infty \ldots 0$; $\Rightarrow t$: $+\infty \ldots 0$. Damit

$$I_1 = \int_0^{+\infty} e^{-x^2}\,dx - \int_{+\infty}^{0} e^{-t^2}\,dt = \int_0^{+\infty} e^{-x^2}\,dx + \int_0^{+\infty} e^{-t^2}\,dt = 2\int_0^{+\infty} e^{-x^2}\,dx$$

(indem wir im zweiten Integral wieder $t = x$ setzen). Wir berechnen nun weiter

$$\int_0^{+\infty} e^{-x^2}\,dx = I_2.$$

Aufgrund der Definition des uneigentlichen Integrals ist

$$I_2 = \lim_{b \to \infty} \int_0^b e^{-x^2}\,dx\,;$$

da es auf die Bezeichnung der Integrationsveränderlichen nicht ankommt, ist auch

$$I_2 = \lim_{b \to \infty} \int_0^b e^{-y^2}\,dy\,;$$

$$\Rightarrow I_2^2 = \left(\lim_{b \to \infty} \int_0^b e^{-x^2}\,dx \right) \cdot \left(\lim_{b \to \infty} \int_0^b e^{-y^2}\,dy \right) =$$

$$= \lim_{b \to \infty} \left(\int_0^b e^{-x^2}\,dx \right) \cdot \left(\int_0^b e^{-y^2}\,dy \right).$$

Da der erste Faktor bezüglich der Integration nach y konstant ist

$$\Rightarrow I_2^2 = \lim_{b \to \infty} \int_0^b \int_0^b e^{-x^2} e^{-y^2}\,dx\,dy =$$

$$= \lim_{b \to \infty} \int_0^b \int_0^b e^{-(x^2 + y^2)}\,dx\,dy.$$

Wir bezeichnen das Doppelintegral, das wir als Gebietsintegral auffassen, mit $F(b)$. Das Integrationsgebiet für das Doppelintegral ist das Quadrat im $\mathbb{R}^2$

$$Q: \left\{ \begin{array}{c} 0 \leqslant x \leqslant b \\ 0 \leqslant y \leqslant b \end{array} \right\}.$$

Wir schließen Q mit zwei Viertelkreisen ein wie Fig. 1 zeigt:

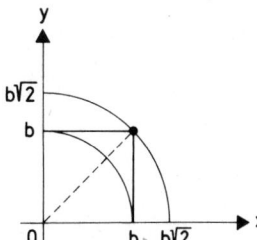

Fig. 1

Den inneren Viertelkreis bezeichnen wir mit G_1, den äußeren mit G_2. Da der Integrand > 0 ist, muß sein

$$(1) \quad I_3 = \int_{G_1} e^{-(x^2+y^2)} dg^{11)} \leqslant F(b) \leqslant \int_{G_2} e^{-(x^2+y^2)} dg = I_4.$$

Die Integrale über G_1 und G_2 berechnen wir durch Einführung von Polarkoordinaten; wir setzen (vgl. Fig. 2)

1.) $x^2 + y^2 = r^2$;

2.)   das Flächenelement $dg = r \, d\varphi \, dr^{12)}$
       (φ im Bogenmaß gemessen);

---

[11]) dg bedeutet ein beliebiges Flächenelement.

[12]) Fläche eines Kreisringstücks:

$$F_{\text{großer Sektor}} = \frac{\pi R^2}{2\pi} \alpha \quad (\alpha \text{ im Bogenmaß});$$

$$F_{\text{kleiner Sektor}} = \frac{\pi r^2}{2\pi} \alpha;$$

$$\Rightarrow F = \frac{1}{2}(R^2 \alpha - r^2 \alpha) = \frac{1}{2}(R - r)(R + r)\alpha;$$

es entspricht $R - r \doteq dr$;
               $R + r \cong 2r + dr \approx 2r$;
               $\alpha \cong d\varphi$.

3.) Integrationsgebiete (vgl. Fig. 1)

$$G_1: \begin{cases} 0 \leqslant r \leqslant b \\ 0 \leqslant \varphi \leqslant \dfrac{\pi}{2}; \end{cases}$$

$$G_2: \begin{cases} 0 \leqslant r \leqslant b\sqrt{2} \\ 0 \leqslant \varphi \leqslant \dfrac{\pi}{2}. \end{cases}$$

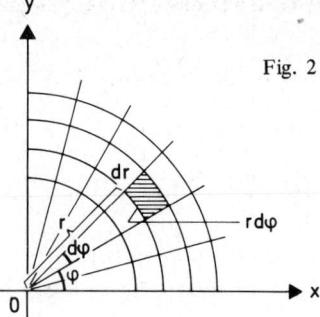

Fig. 2

Damit

$$I_3 = \int\limits_{0}^{\frac{\pi}{2}} \int\limits_{0}^{b} e^{-r^2} r\, dr\, d\varphi = \int\limits_{0}^{\frac{\pi}{2}} \left[-\frac{1}{2} e^{-r^2} \right]_{r=0}^{r=b} d\varphi =$$

$$= \int\limits_{0}^{\frac{\pi}{2}} \left(-\frac{1}{2} e^{-b^2} + \frac{1}{2} \right) d\varphi = \left[\left(-\frac{1}{2} e^{-b^2} + \frac{1}{2} \right) \varphi \right]_{\varphi=0}^{\varphi=\frac{\pi}{2}} =$$

$$= \left(-\frac{1}{2} e^{-b^2} + \frac{1}{2} \right) \frac{\pi}{2}.$$

Entsprechend wird

$$I_4 = \int\limits_{0}^{\frac{\pi}{2}} \int\limits_{0}^{b\sqrt{2}} e^{-r^2} r\, dr\, d\varphi = \left(-\frac{1}{2} e^{-2b^2} + \frac{1}{2} \right) \frac{\pi}{2}.$$

Wegen (1) $\Rightarrow$

$$\lim_{b \to \infty} I_3 \leqslant \lim_{b \to \infty} F(b) = I_2^2 \leqslant \lim_{b \to \infty} I_4,$$

also $\dfrac{\pi}{4} \leqslant I_2^2 \leqslant \dfrac{\pi}{4}$ und somit $I_2^2 = \dfrac{\pi}{4}$ und $I_2 = \dfrac{\sqrt{\pi}}{2}$.

Weiter wird dann wegen $I_1 = 2I_2$

$$I_1 = \sqrt{\pi}$$

und schließlich aus $I = \dfrac{1}{\sqrt{\pi}} I_1$ folgt $I = \dfrac{1}{\sqrt{\pi}} \sqrt{\pi} = 1$.

§ II.2. Mittelwert und Varianz der Normalverteilung

II.2.1. Die Dichtefunktion der Normalverteilung hat die Form

$$f(x) = \frac{1}{v\sqrt{2\pi}} \exp\left(-\frac{(x-u)^2}{2v^2}\right) \text{mit } u, v \in \mathbb{R}, v > 0;$$ wir wollen zeigen,

daß u der Mittelwert μ und v^2 die Varianz σ^2 ist, also v die Standardabweichung σ.

A. *Mittelwert.* Nach Definition ist

$$\mu = \int_{-\infty}^{+\infty} x f(x)\, dx = \int_{-\infty}^{+\infty} x\, \frac{1}{v\sqrt{2\pi}} \exp\left(-\frac{(x-u)^2}{2v^2}\right)\, dx =$$

$$= \frac{1}{v\sqrt{2\pi}} \int_{-\infty}^{+\infty} x\, \exp\left(-\frac{(x-u)^2}{2v^2}\right)\, dx =$$

$$= \frac{1}{v\sqrt{2\pi}} \int_{-\infty}^{+\infty} \left[\exp\left(-\frac{(x-u)^2}{2v^2}\right)\right]\left(\frac{x-u+u}{v^2}\right) v^2\, dx =$$

$$= \frac{1}{v\sqrt{2\pi}} \int_{-\infty}^{+\infty} \left[\exp\left(-\frac{(x-u)^2}{2v^2}\right)\right]\left(\frac{x-u}{v^2}\right) v^2\, dx +$$

$$+ \frac{1}{v\sqrt{2\pi}} \int_{-\infty}^{+\infty} \left[\exp\left(-\frac{(x-u)^2}{2v^2}\right)\right] u\, dx^{[13]}) =$$

$$= -\frac{v}{\sqrt{2\pi}} \int_{-\infty}^{+\infty} \left[\exp\left(-\frac{(x-u)^2}{2v^2}\right)\right]\left(-\frac{x-u}{v^2}\right)\, dx +$$

$$+ \frac{u}{v\sqrt{2\pi}} \int_{-\infty}^{+\infty} \exp\left(-\frac{(x-u)^2}{2v^2}\right)\, dx.$$

---

[13]) Die Existenz der Einzelintegrale wird zunächst vorausgesetzt.

Wir setzen das erste Integral

$$\int\limits_{-\infty}^{+\infty} \left[\exp \left(-\frac{(x-u)^2}{2v^2} \right) \right] \left(-\frac{x-u}{v^2} \right) dx = I_1 ;$$

durch die Substitution $\dfrac{x-u}{v} = t \Rightarrow dx = vdt$ und für den Integrationsbereich

wird $x: -\infty \ldots +\infty \Rightarrow t: -\infty \ldots +\infty$; damit erhalten wir

$$I_1 = \int\limits_{-\infty}^{+\infty} \left[\exp \left(-\frac{t^2}{2} \right) \right] \left(-\frac{t}{v} \right) vdt = \exp \left(-\frac{t^2}{2} \right) \Big|_{-\infty}^{+\infty} = 0.$$

Von § II.1. ist

$$\frac{1}{v\sqrt{2\pi}} \int\limits_{-\infty}^{+\infty} \exp \left(-\frac{(x-u)^2}{2v^2} \right) dx = 1.$$

Damit Mittelwert $\mu = u$.

Um nun noch die absolute Konvergenz, also die Existenz von $\int\limits_{-\infty}^{+\infty} |x| f(x) dx$

nachzuweisen, betrachten wir zuerst

$$\int\limits_{0}^{+\infty} |x| f(x) dx = \int\limits_{0}^{+\infty} x f(x) dx = \frac{1}{v\sqrt{2\pi}} \int\limits_{0}^{+\infty} x \exp \left(-\frac{(x-u)^2}{2v^2} \right) dx.$$

Wir führen die gleichen Umformungen wie oben aus und erhalten analog zu dem Integral I_1

$$I_1^* = \int\limits_{0}^{+\infty} \exp \left(-\frac{(x-u)^2}{2v^2} \right) \left(-\frac{x-u}{v^2} \right) dx.$$

Durch die gleiche Substitution wie oben wird der Integrationsbereich

$x: 0 \ldots +\infty \Rightarrow t: -\dfrac{u}{v} \ldots +\infty$; damit

$$I_1^* = -\exp \left(-\frac{u^2}{2v^2} \right).$$

Ebenso erhält man für $\int\limits_{-\infty}^{0} |x| f(x) dx = -\int\limits_{-\infty}^{0} x f(x) dx$ analog zu dem Integral I_1

$$I_1^{**} = \int\limits_{-\infty}^{0} \exp\left(-\frac{(x-u)^2}{2v^2}\right)\left(-\frac{x-u}{v^2}\right)\,dx.$$

Die Substitution liefert nun den neuen Integrationsbereich x: $-\infty \ldots 0 \Rightarrow$
$\Rightarrow t$: $-\infty \ldots -\frac{u}{v}$; damit

$$I_1^{**} = \exp\left(-\frac{u^2}{2v^2}\right).$$

Somit ist gezeigt, daß auch $\int\limits_{-\infty}^{+\infty} |x|\,f(x)\,dx$ existiert.

B. *Varianz.* Wir benutzen den Satz $\sigma^2 = E[X^2] - \mu^2$. Nach Definition ist

$$E[X^2] = \int\limits_{-\infty}^{+\infty} x^2 f(x)\,dx = \frac{1}{v\sqrt{2\pi}} \int\limits_{-\infty}^{+\infty} x^2 \exp\left(-\frac{(x-u)^2}{2v^2}\right)\,dx =$$

$$= \frac{1}{v\sqrt{2\pi}} \int\limits_{-\infty}^{+\infty} x \exp\left(-\frac{(x-u)^2}{2v^2}\right)\,x\,dx =$$

$$= \frac{1}{v\sqrt{2\pi}} \int\limits_{-\infty}^{+\infty} \left(\frac{x-u+u}{v^2}\right) v^2 \exp\left(-\frac{(x-u)^2}{2v^2}\right)\,x\,dx =$$

$$= \frac{v}{\sqrt{2\pi}} \int\limits_{-\infty}^{+\infty} \left(\frac{x-u}{v^2}\right) \exp\left(-\frac{(x-u)^2}{2v^2}\right)\,x\,dx +$$

$$+ \frac{1}{v\sqrt{2\pi}} \int\limits_{-\infty}^{+\infty} u \exp\left(-\frac{(x-u)^2}{2v^2}\right)\,x\,dx =$$

$$= -\frac{v}{\sqrt{2\pi}} \int\limits_{-\infty}^{+\infty} \left(-\frac{x-u}{v^2}\right) \exp\left(-\frac{(x-u)^2}{2v^2}\right)\,x\,dx +$$

$$+ \frac{u}{v\sqrt{2\pi}} \int\limits_{-\infty}^{+\infty} \exp\left(-\frac{(x-u)^2}{2v^2}\right)\,x\,dx.$$

Das erste Integral bestimmen wir durch partielle Integration (indem wir vom Intengranden die ersten beiden Faktoren als Ableitung auffassen), das zweite wurde in Teil A schon bestimmt zu $uu = \mu^2$. Also

$$E[X^2] = -\frac{v}{\sqrt{2\pi}}\left[\exp\left(-\frac{(x-u)^2}{2v^2}\right)x\right]_{-\infty}^{+\infty} +$$

$$+ \frac{v}{\sqrt{2\pi}}\int_{-\infty}^{+\infty}\exp\left(-\frac{(x-u)^2}{2v^2}\right)dx + \mu^2.$$

Es ist aber

$$\frac{1}{v\sqrt{2\pi}}\int_{-\infty}^{+\infty}\exp\left(-\frac{(x-u)^2}{2v^2}\right)dx = 1,$$

also

$$E[X^2] = 0^{14)} + v^2 + \mu^2.$$

Die absolute Konvergenz ist hier klar.

Damit Varianz $\sigma^2 = v^2 + \mu^2 - \mu^2 = v^2$.

§ II.3. Beweis, daß die Summe von unabhängigen normalverteilten Zufallsvariablen wieder normalverteilt ist

II.3.1. Wir bringen hier den *Beweis* von Satz 1 in § 4.7., daß die Summe von unabhängigen normalverteilten Zufallsvariablen $X_1, \ldots, X_n$, also $Y = X_1 + \ldots + X_n$, wieder normalverteilt ist.

(I) Wir betrachten zunächst $n = 2$, also $Y = X_1 + X_2$. Nach Voraussetzung ist X_1 normalverteilt mit der Dichtefunktion

---

[14]) Wir benutzen die de l'Hospitalsche Regel:

$$\lim_{x\to\pm\infty}\exp\left(-\frac{(x-u)^2}{2v^2}\right)x = \lim_{x\to\pm\infty}\frac{x}{\exp\left(\frac{(x-u)^2}{2v^2}\right)} =$$

$$= \lim_{x\to\pm\infty}\frac{1}{\exp\left(\frac{(x-u)^2}{2v^2}\right)\frac{x-u}{v^2}} = 0.$$

$$f_1(x_1) = \frac{1}{\sigma_1 \sqrt{2\pi}} \, \exp \left\{ - \frac{1}{2} \left(\frac{x_1 - \mu_1}{\sigma_1} \right)^2 \right\},$$

entsprechend X_2 mit der Dichtefunktion

$$f_2(x_2) = \frac{1}{\sigma_2 \sqrt{2\pi}} \, \exp \left\{ - \frac{1}{2} \left(\frac{x_2 - \mu_2}{\sigma_2} \right)^2 \right\}.$$

Indem wir in Satz 2 aus § 4.4. für $f_1(x_1)$ und $f_2(x_2)$ die Ausdrücke einsetzen

$$\Rightarrow f(y) = \int\limits_{-\infty}^{+\infty} \frac{1}{\sigma_1 \sqrt{2\pi}} \, \exp \left\{ - \frac{1}{2} \left(\frac{y - x_2 - \mu_1}{\sigma_1} \right)^2 \right\}.$$

$$\frac{1}{\sigma_2 \sqrt{2\pi}} \, \exp \left\{ - \frac{1}{2} \left(\frac{x_2 - \mu_2}{\sigma_2} \right)^2 \right\} \, dx_2 =$$

$$(1) \qquad = \frac{1}{2\pi\sigma_1 \sigma_2} \int\limits_{-\infty}^{+\infty} \exp \left\{ - \frac{1}{2} \left[\frac{(y - x_2 - \mu_1)^2}{\sigma_1^2} + \frac{(x_2 - \mu_2)^2}{\alpha_2^2} \right] \right\} \, dx_2.$$

Wir setzen $\dfrac{(y - x_2 - \mu_1)^2}{\sigma_1^2} + \dfrac{(x_2 - \mu_2)^2}{\sigma_2^2} = v$ und

$$(2) \qquad v_1 = \frac{\sigma}{\sigma_1 \sigma_2} \left(x_2 - \frac{\sigma_1^2 \mu_2 + \sigma_2^2 (y - \mu_1)}{\sigma^2} \right); \quad v_2 = \frac{y - \mu}{\sigma};$$

wobei $\mu = \mu_1 + \mu_2$; $\sigma^2 = \sigma_1^2 + \sigma_2^2$.

Nun gilt $v = v_1^2 + v_2^2$, wie man durch Nachrechnen bestätigt.

Danach wird aus (1)

$$f(y) = \frac{1}{2\pi\sigma_1 \sigma_2} \int\limits_{-\infty}^{+\infty} \exp \left\{ - \frac{1}{2} v \right\} \, dx_2 =$$

$$= \frac{1}{2\pi\sigma_1 \sigma_2} \int\limits_{-\infty}^{+\infty} \exp \left\{ - \frac{1}{2} (v_1^2 + v_2^2) \right\} dx_2 =$$

$$= \frac{1}{2\pi\sigma_1 \sigma_2} \int\limits_{-\infty}^{+\infty} \exp \left\{ - \frac{1}{2} v_1^2 \right\} \cdot \exp \left\{ - \frac{1}{2} v_2^2 \right\} dx_2.$$

Nun hängt $v_2{}^2$ nicht von x_2 ab, also kann bei der Integration über x_2 der Ausdruck mit $v_2{}^2$ als konstanter Faktor vor das Integral gezogen werden, also

$$f(y) = \frac{1}{2\pi\,\sigma_1\,\sigma_2}\ \exp\left\{-\frac{1}{2}\,v_2{}^2\right\} \int\limits_{-\infty}^{+\infty} \exp\left\{-\frac{1}{2}\,v_1{}^2\right\}\,dx_2\,.$$

Wir führen jetzt v_1 als neue Integrationsveränderliche ein, indem wir setzen $v_1 = \tau$; dann folgt aus (2)

$$\frac{d\tau}{dx_2} = \frac{\sigma}{\sigma_1\,\sigma_2}$$

und damit

$$f(y) = \frac{1}{2\pi\,\sigma_1\,\sigma_2}\ \exp\left\{-\frac{1}{2}\,v_2{}^2\right\} \int\limits_{-\infty}^{+\infty} \exp\left\{-\frac{1}{2}\,\tau^2\right\} \frac{\sigma_1\,\sigma_2}{\sigma}\,d\tau =$$

$$= \frac{1}{2\pi\sigma}\ \exp\left\{-\frac{1}{2}\,v_2{}^2\right\} \int\limits_{-\infty}^{+\infty} \exp\left\{-\frac{1}{2}\,\tau^2\right\}\,d\tau\,.$$

Nun ist aber (vgl. § II.1.) $\displaystyle\int\limits_{-\infty}^{+\infty} \exp\left\{-\frac{1}{2}\,\tau^2\right\}\,d\tau = \sqrt{2\pi}$, also

$$f(y) = \frac{1}{\sigma\sqrt{2\pi}}\ \exp\left\{-\frac{1}{2}\,v_2{}^2\right\},$$

und indem wir wieder $v_2 = \dfrac{y-\mu}{\sigma}$ einsetzen,

$$f(y) = \frac{1}{\sigma\sqrt{2\pi}}\ \exp\left\{-\frac{1}{2}\left(\frac{y-\mu}{\sigma}\right)^2\right\}.$$

Das bedeutet aber, daß die Zufallsvariable $Y = X_1 + X_2$ normalverteilt ist mit dem Mittelwert $\mu = \mu_1 + \mu_2$ und der Varianz $\sigma^2 = \sigma_1{}^2 + \sigma_2{}^2$.

(II) Nun durch vollständige Induktion: Sei die Behauptung für die Zufallsvariable $Y^* = X_1 + X_2 + \ldots + X_{n-1}$ $(n \geq 2)$ schon bewiesen. Dann folgt die Behauptung auch für $Y = Y^* + X_n = X_1 + X_2 + \ldots + X_n$.

§ II.4. Das Stieltjes-Integral

II.4.1. *Funktionen von endlicher Variation.* Sei $F(x)$ eine im Intervall $[a, b] = \{a \leqslant x \leqslant b\}$ definierte reellwertige Funktion. Wir zerlegen $[a, b]$ durch die Punkte

$$t_1 < t_2 < \ldots < t_{n-1} \quad (a < t_1;\ t_{n-1} < b)$$

in Teilintervalle und setzen noch $a = t_0$ und $b = t_n$. Dann bilden wir die Summe

$$T = \sum_{k=1}^{n} |F(t_k) - F(t_{k-1})|;$$

dieser Wert T hängt dann natürlich von der Zerlegung des Intervalls $[a, b]$, also auch von der Anzahl n der Teilpunkte t_k ab. Jede Zerlegung liefert einen Wert T, durch die Gesamtheit aller möglichen Zerlegungen von $[a, b]$ erhalten wir also eine Menge von Werten T. Nun

definieren wir: *Das Supremum V_F aller dieser möglichen Werte T*

$$V_F = \sup T$$

heißt die totale Variation der Funktion $F(x)$ im Intervall $[a, b]$.

Weiter wird

definiert: *Wenn die totale Variation V_F der Funktion $F(x)$ im Intervall $[a, b]$ endlich ist, also $V_F < \infty$, so heißt $F(x)$ im Intervall $[a, b]$ von endlicher Variation.*

Entsprechend definiert man für unendliche Intervalle; dabei benutzt man die Grenzwerte von $F(x)$ für $x \to +\infty$ und $x \to -\infty$ (die existieren müssen).

Jede im Intervall $[a, b]$ beschränkte nicht abnehmende Funktion ist von endlicher Variation. Denn

$$T = \sum_{k=1}^{n} |F(t_k) - F(t_{k-1})| = \sum_{k=1}^{n} [F(t_k) - F(t_{k-1})],$$

weil $F(t_k) - F(t_{k-1}) \geqslant 0$ sein muß wegen $F(t_k) \geqslant F(t_{k-1})$;

$$\Rightarrow T = F(t_n) - F(t_0) = F(b) - F(a)$$

und somit

$$V_F = \sup T = F(b) - F(a) < \infty.$$

Damit ist jede Verteilungsfunktion (gleichgültig ob die Verteilung diskret oder stetig ist) von endlicher Variation; für eine Verteilungsfunktion ist nämlich die totale Variation in jedem Intervall höchstens 1.

II.4.2. *Das Stieltjes-Integral*[15]). In einem endlichen Intervall $[a, b] = \{a \leqslant x \leqslant b\}$ seien die reellwertigen Funktionen $\varphi(x)$ und $F(x)$ definiert. Die Funktion $\varphi(x)$ sei *stetig* in $[a, b]$ und $F(x)$ von *endlicher Variation* in $[a, b]$ sowie rechtsseitig stetig (vgl. § 2.2., Fußnote 8).

Das Intervall $[a, b]$ wird wie oben durch die Teilpunkte

$$a = t_0 < t_1 < \ldots < t_{n-1} < t_n = b$$

in n Teile zerlegt. Wir betrachten die Längen der so entstehenden Teilintervalle $\{t_{k-1} < x \leqslant t_k\}$ und setzen $t_k - t_{k-1} = \Delta_k$ $(k = 1, 2, \ldots, n)$; die Maximallänge dieser Teilintervalle sei Δ, also

$$\Delta = \max \Delta_k = \max (t_k - t_{k-1}) \quad (k = 1, 2, \ldots, n).$$

Im k-ten Teilintervall $\{t_{k-1} < x \leqslant t_k\}$ wählen wir einen Punkt ξ_k und bilden die Summe

$$S = \sum_{k=1}^{n} \varphi(\xi_k) \, [F(t_k) - F(t_{k-1})].$$

Der Wert der Summe S hängt natürlich von der Wahl der Teilpunkte t_k, also von der Zerlegung des Intervalls $[a, b]$, und von der Wahl der Punkte ξ_k ab.

Nun **definieren** wir: *Wenn bei dem Grenzübergang $\Delta \to 0$[16]) die Summe S einem bestimmten Grenzwert I zustrebt unabhängig von der Wahl der Punkte ξ_k und unabhängig von der Folge der Zerlegungen des Intervalls $[a, b]$, dann heißt I das Stieltjessche Integral der Funktion $\varphi(x)$ nach der Funktion $F(x)$.*

Wir schreiben

$$I = \lim_{\Delta \to 0} S = \int_a^b \varphi(x) \, dF(x).$$

Speziell für $F(x) = x$ erhält man das gewöhnliche „*Riemannsche*" *Integral* $\int_a^b \varphi(x) \, dx$, also ist das Stieltjes-Integral eine Verallgemeinerung des gewöhnlichen Riemannschen Integrals.

---

[15]) Thomas Jean Stieltjes, 1856–1894.   [16]) Dabei muß dann auch $n \to \infty$ gehen.

II.4.3. Wir nennen einige Eigenschaften des Stieltjes-Integrals:

(1) $\displaystyle\int_a^b dF(x) = F(b) - F(a)$.

Beweis: $\displaystyle\int_a^b dF(x) = \lim_{\Delta \to 0} \sum_{k=1}^{n} [F(t_k) - F(t_{k-1})] =$

$$= \lim_{\Delta \to 0} [F(t_n) - F(t_0)] = F(b) - F(a),$$

denn $t_n = b, \ t_0 = a$.

(2) *Sind α und β Konstanten, so ist*

$$\int_a^b \alpha \varphi(x) \, d \, [\beta F(x)] = \alpha \beta \int_a^b \varphi(x) \, dF(x);$$

(3) $\displaystyle\int_a^b [\varphi_1(x) + \varphi_2(x)] \, dF(x) = \int_a^b \varphi_1(x) \, dF(x) + \int_a^b \varphi_2(x) \, dF(x)$ [17]);

(4) $\displaystyle\int_a^b \varphi(x) \, d \, [F_1(x) + F_2(x)] = \int_a^b \varphi(x) \, dF_1(x) + \int_a^b \varphi(x) \, dF_2(x)$ [17]);

(5) $\displaystyle\int_a^b \varphi(x) \, dF(x) + \int_b^c \varphi(x) \, dF(x) = \int_a^c \varphi(x) \, dF(x) \quad (a < b < c)$ [17]),

(6) *Ist die Funktion $F(x)$ im Intervall $[a, b]$ differenzierbar mit der Ableitung $F'(x)$, so gilt*

$$\int_a^b \varphi(x) \, dF(x) = \int_a^b \varphi(x) \, F'(x) \, dx.$$

D.h. daß sich in diesem Fall das Stieltjes-Integral auf ein gewöhnliches Riemann-Integral zurückführen läßt.

---

[17]) Falls die Integrale auf der rechten Seite existieren.

Beweis der Gleichung in (6): Nach Definition ist

$$I = \int_a^b \varphi(x)\,dF(x) = \lim_{\Delta \to 0} \sum_{k=1}^n \varphi(\xi_k)\,[F(t_k) - F(t_{k-1})] \quad \text{mit}$$

$$t_{k-1} < \xi_k \leqslant t_k;$$

nun schreiben wir mit Hilfe des Mittelwertsatzes der Differentialrechnung

$$F(t_k) - F(t_{k-1}) = F'(\eta_k)\,(t_k - t_{k-1}) \quad \text{mit} \quad t_{k-1} < \eta_k < t_k$$

und nehmen $\xi_k = \eta_k$;

$$\Rightarrow I = \lim_{\Delta \to 0} \sum_{k=1}^n \varphi(\eta_k)\,F'(\eta_k)\,(t_k - t_{k-1}) = \int_a^b \varphi(x)\,F'(x)\,dx.$$

Die Verallgemeinerung des Integralbegriffs durch die Einführung des Stieltjes-Integrals besteht nun darin, daß $F(x)$ nicht notwendig differenzierbar, ja nicht einmal stetig sein muß. Gerade der Fall, daß $F(x)$ Sprungstellen besitzt und stückweise konstant, also eine Treppenfunktion ist, spielt in den Anwendungen der Wahrscheinlichkeitsrechnung und Statistik eine wichtige Rolle.

II. 4.4. Uneigentliche Stieltjes-Integrale werden entsprechend definiert wie uneigentliche Riemann-Integrale:

$$\int_a^\infty \varphi(x)\,dF(x) = \lim_{b \to \infty} \int_a^b \varphi(x)\,dF(x);$$

$$\int_{-\infty}^b \varphi(x)\,dF(x) = \lim_{a \to -\infty} \int_a^b \varphi(x)\,dF(x);$$

$$\int_{-\infty}^{+\infty} \varphi(x)\,dF(x) = \int_{-\infty}^c \varphi(x)\,dF(x) + \int_c^{+\infty} \varphi(x)\,dF(x),$$

falls die betreffenden Grenzwerte existieren.

II. 4.5. *Anwendung des Stieltjes-Integrals.* Die Funktion $F(x)$ sei nun die Verteilungsfunktion einer Zufallsvariablen X; dabei kann X diskret oder stetig sein.

A. Sei X diskrete Zufallsvariable, welche die Werte $x_1, \ldots, x_j, \ldots$ mit den Wahrscheinlichkeiten $P(X = x_j) = p_j$ annimmt. Wir setzen hier voraus, daß in jedem endlichen Intervall von $\mathbb{R}$ nur endlich viele x_j liegen[18]). Wir wollen weiter annehmen, daß die Zerlegung des Intervalls $[a, b]$ so fein ist, daß in jedem Teilintervall $t_{k-1} < x \leqslant t_k$ $(k = 1, \ldots, n)$ höchstens ein Wert x_j liegt. Dann ist

$$F(t_k) - F(t_{k-1}) = \begin{cases} p_j, & \text{wenn } t_{k-1} < x_j \leqslant t_k \\[2mm] 0, & \text{wenn kein } x_j \in (t_{k-1}, t_k]. \end{cases}$$

Wegen der Stetigkeit von $\varphi(x)$ folgt dann

$$\lim_{\Delta \to 0} \sum_{k=1}^{n} \varphi(\xi_k) \, [F(t_k) - F(t_{k-1})] = \sum_j \varphi(x_j) \, p_j,$$

wobei j alle die natürlichen Zahlen durchläuft, für die $a < x_j \leqslant b$ gilt. Da $\sum_j \varphi(x_j) p_j$ unabhängig von der speziellen Wahl der Teilpunkte t_k ist, folgt

$$\int_a^b \varphi(x) \, dF(x) = \lim_{\Delta \to 0} \sum_{k=1}^{n} \varphi(\xi_k) \, [F(t_k) - F(t_{k-1})] =$$

$$= \sum_j \varphi(x_j) \, p_j,$$

wobei j alle die natürlichen Zahlen durchläuft, für die $a < x_j \leqslant b$ gilt. Daraus

$$\int_{-\infty}^{+\infty} \varphi(x) \, dF(x) = \sum_{j=1,2,\ldots} \varphi(x_j) \, p_j = E\,[\varphi(X)].$$

B. Ist X stetige Zufallsvariable mit der Dichtefunktion $f(x)$, so erhalten wir mit (6)

$$\int_a^b \varphi(x) \, dF(x) = \int_a^b \varphi(x) \, F'(x) \, dx = \int_a^b \varphi(x) f(x) \, dx;$$

$$\Rightarrow \int_{-\infty}^{+\infty} \varphi(x) \, dF(x) = \int_{-\infty}^{+\infty} \varphi(x) \, f(x) \, dx = E\,[\varphi(X)].$$

---

[18]) D.h., daß die Folge $\{x_j\}$ keinen endlichen „Häufungspunkt" besitzt.

Damit können wir den Erwartungswert einer Zufallsvariablen X, sowohl im diskreten wie im stetigen Fall, schreiben als

$$E\left[\varphi\left(X\right)\right] = \int_{-\infty}^{+\infty} \varphi\left(x\right) dF\left(x\right).$$

Bei den Definitionen und Beweisen braucht man bei der Benutzung des Stieltjes-Integrals also nicht mehr zwischen dem diskreten und dem stetigen Fall zu unterscheiden; die Formeln, die wir bisher getrennt für diskrete und stetige Zufallsvariablen formuliert haben (Reihenformeln für diskrete und Integralformeln für stetige Zufallsvariablen), erhalten nun eine einheitliche Gestalt in einer einzigen Formel. Zum Beispiel wird der Mittelwert

$$\mu = E\left[X\right] = \int_{-\infty}^{+\infty} x \, dF\left(x\right),$$

die Varianz

$$\sigma^2 = E\left[\left(X - \mu\right)^2\right] = \int_{-\infty}^{+\infty} \left(x - \mu\right)^2 dF\left(x\right),$$

das r-te Moment

$$E\left[X^r\right] = \int_{-\infty}^{+\infty} x^r dF\left(x\right).$$

Die charakteristische Funktion (§ 2.8.) wird nun

$$H\left(t\right) = \int_{-\infty}^{+\infty} e^{itx} dF\left(x\right).$$

Seien X_1 und X_2 unabhängige Zufallsvariablen und $Y = X_1 + X_2$; die zugehörigen Verteilungsfunktionen seien $F_1\left(x_1\right)$, $F_2\left(x_2\right)$ und $F\left(y\right)$. Dann gilt nach Satz 1 in § 4.4.

$$F\left(y\right) = \int_{-\infty}^{+\infty} F_1\left(y - x_2\right) dF_2\left(x_2\right) = \int_{-\infty}^{+\infty} F_2\left(y - x_1\right) dF_1\left(x_1\right).$$

Diese Gleichung ist die Faltungsformel für Verteilungsfunktionen.

Literaturverzeichnis[1])

[1]   BASLER, H.: Grundbegriffe der Wahrscheinlichkeitsrechnung und statistischen Methodenlehre. (Physica-Verlag) Würzburg–Wien 1971; S. 5–82.

[2]   BAUER, H.: Wahrscheinlichkeitstheorie und Grundzüge der Maßtheorie. (Verlag Walter de Gruyter) Berlin 1968.

[3]   FELLER, W.: An Introduction to Probability Theory and its Applications. (John Wiley & Sons, Inc.) New York–London–Sidney 1968.

[4]   FISZ, M.: Wahrscheinlichkeitsrechnung und mathematische Statistik. (VEB Deutscher Verlag der Wissenschaften) Berlin 1970.

[5]   GNEDENKO, B. W.: Lehrbuch der Wahrscheinlichkeitsrechnung. (Akademie-Verlag) Berlin 1970.

[6]   GNEDENKO, B. W.–A. J. CHINTSCHIN: Elementare Einführung in die Wahrscheinlichkeitsrechnung. (VEB Deutscher Verlag der Wissenschaften) Berlin 1973.

[7]   GOLDBERG, S.: Die Wahrscheinlichkeit. – Eine Einführung in Wahrscheinlichkeitsrechnung und Statistik. (Verlag Vieweg & Sohn) Braunschweig 1973.

[8]   KREYSZIG, E.: Statistische Methoden und ihre Anwendungen. (Verlag Vandenhoeck & Ruprecht) Göttingen 1973; insbes. S. 50–162.

[9]   KRICKEBERG, K.: Wahrscheinlichkeitstheorie. (Verlag Teubner) Stuttgart 1963.

[10] MENGES, G.: Grundriß der Statistik. Teil 1: Theorie. (Westdeutscher Verlag) Köln–Opladen 1968.

[11] MESCHKOWSKI, H.: Wahrscheinlichkeitsrechnung. (B I Hochschultaschenbuch 285/285a) Mannheim 1968.

[12] MORGENSTERN, D.: Einführung in die Wahrscheinlichkeitsrechnung und mathematische Statistik. (Springer-Verlag) Berlin–Heidelberg–New York 1968; S. 4–65.

[13] NEVEU, J.: Mathematische Grundlagen der Wahrscheinlichkeitstheorie. (Oldenbourg-Verlag) München–Wien 1969.

---

[1]) In den meisten Büchern über Statistik oder statistische Methodenlehre findet sich ein Abschnitt über Wahrscheinlichkeitsrechnung. Um das Literaturverzeichnis nicht unnötig auszuweiten, wird auf viele dieser Bücher verzichtet.

[14] PAWŁOWSKI, Z.: Einführung in die mathematische Statistik. (Verlag die Wirtschaft) Berlin 1971.

[15] REICHARDT, H.: Statistische Methodenlehre für Wirtschaftswissenschaftler. (Bertelsmann Universitätsverlag) Düsseldorf 1969.

[16] RÉNYI, A.: Wahrscheinlichkeitsrechnung mit einem Anhang über Informationstheorie. (VEB Deutscher Verlag der Wissenschaften) Berlin 1971.

[17] RICHTER, H.: Wahrscheinlichkeitstheorie. (Springer-Verlag) Berlin– Heidelberg–New York 1966.

[18] ROSANOW, J. A.: Wahrscheinlichkeitstheorie. (Akademie-Verlag) Berlin 1970.

[19] VAUQUOIS, B.: Wahrscheinlichkeitsrechnung. (Verlag Vieweg & Sohn) Braunschweig 1973.

[20] VOGEL, W.: Wahrscheinlichkeitstheorie. (Verlag Vandenhoeck & Ruprecht) Göttingen 1970.

[21] WETZEL, W.: Statistische Grundausbildung für Wirtschaftswissenschaftler II. (Verlag Walter de Gruyter) Berlin–New York 1973.

Für die Grundlegung und Entwicklung der Wahrscheinlichkeitsrechnung sind zu erwähnen:

[22] KOLMOGOROFF, A. N.: Grundbegriffe der Wahrscheinlichkeitsrechnung. (Springer-Verlag) Berlin 1933.

[23] LAPLACE, P. S.: Théorie Analytique des Probabilités. Paris 1812.

[24] von MISES, R.: Wahrscheinlichkeit, Statistik und Wahrheit. (Springer-Verlag) 3. Auflage; Wien 1951.

Namen- und Sachverzeichnis

Heinz Stöwe / Friedrich Härtter
Lehrbuch der Mathematik für Volks- und Betriebswirte
Die mathematischen Grundlagen
der Wirtschaftstheorie und der Betriebswirtschaftslehre.
(Grundriß der Sozialwissenschaft, Ergänzungsband 3)
2., neubearbeitete Auflage 1972. XII, 365 Seiten,
Leinen und kartonierte Studienausgabe

„Mathematische Grundkenntnisse und deren Anwendung bei der
Lösung ökonomischer Probleme werden mit der neueren Entwicklung in der Wirtschaftswissenschaft mehr und mehr zur Selbstver-
ständlichkeit. Damit entsteht ein Bedarf an mathematischen Lehrbüchern für Studenten und Wirtschaftswissenschaftler, deren Stu-
dienzeit bereits länger zurückliegt. Diese Lehrbücher müssen somit einmal auf die speziellen Probleme der mathematisch orien-
tierten Ökonomie eingehen und zum zweiten leicht verständlich
sein. Stöwe und Härtter – der eine Wirtschaftswissenschaftler, der
andere Mathematiker – erfüllen diese Bedingungen in mehrfacher
Hinsicht hervorragend."   Bücher für die Wirtschaft

„ . . . Sicherlich wird sich das vorliegende Werk innerhalb kurzer
Zeit zu einem Standardlehrbuch für Studenten entwickeln und allen theoretisch wissenschaftlich arbeitenden Ökonomen als Nach-
schlagewerk dienen."   Dr. W. Pfeifer / Versicherungs-Wirtschaft

Heinz Stöwe / Erich Härtter
Aufgaben zur Mathematik für Wirtschaftswissenschaftler
1971. 107 Seiten mit 7 Abbildungen, kartoniert (UTB 21)

Inhalt: Funktionen einer Veränderlichen (Differentation, Extremwerte) / Integration / Funktionen von mehreren Veränderlichen
(Differentation, Extremwerte) / Lineare Algebra / Differenzglei-
chungen / Differentialgleichungen.

Vandenhoeck & Ruprecht   Göttingen und Zürich

J. C. H. Gerretsen
Differential- und Integralrechnung
für Nichtakademiker
Einführung in die Infinitesimalrechnung auf anschaulicher Grundlage. Übersetzt von Jan Bol (früher: Tangente und Flächeninhalt).
1964. 368 Seiten, Leinen
(Studia Mathematica / Mathematische Lehrbücher, Band XVI)

Erwin Kreyszig
Statistische Methoden und ihre Anwendungen
4., durchgesehene Auflage 1973. 422 Seiten,
Leinen und kartonierte Studienausgabe

Alwin Hinzpeter
Physik als Hilfswissenschaft
Studienbuch für die Grundausbildung
der medizinischen und naturwissenschaftlichen Berufe.

Teil 1/2: **Mechanik / Wellenlehre**
1973. 252 Seiten, Kunststoff (UTB 66)

Teil 3: **Kalorik**
1974. 110 Seiten, Kunststoff (UTB 348)

Teil 4: **Elektrik**
1971. 144 Seiten mit 145 Zeichnungen,
Kunststoff (UTB 19)

Teil 5: **Optik**
2. Auflage 1974. 118 Seiten mit 103 Abbildungen,
Kunststoff (UTB 20)

Teil 6: **Atomphysik**
1972. 109 Seiten mit 47 Zeichnungen,
Kunststoff (UTB 67)

Vandenhoeck & Ruprecht   Göttingen und Zürich